长江鸡扒子特大型滑坡整治技术

刘书伦 著

人民交通出版社股份有限公司
China Communications Press Co.,Ltd.

内 容 提 要

本书全面阐述了长江鸡扒子特大型滑坡治理关键技术,内容包括:应急抢通和航道治理、滑坡特征及形成机制、滑坡稳定性计算评价、河工模型试验研究、深水急流水下炸礁技术、滑坡治理与观测。

本书可供航道整治、滑坡勘察治理的设计、施工人员及大专院校师生使用。

图书在版编目(CIP)数据

长江鸡扒子特大型滑坡整治技术 / 刘书伦
著 . — 北京 : 人民交通出版社股份有限公司 , 2017.6
 ISBN 978-7-114-13714-3

Ⅰ.①长⋯ Ⅱ.①刘⋯ Ⅲ.①长江流域—滑坡体—灾害防治—研究—云阳县 Ⅳ.① P642.22

中国版本图书馆 CIP 数据核字 (2017) 第 053526 号

书　　　名:长江鸡扒子特大型滑坡整治技术
著 作 者:刘书伦
责任编辑:张江成
出版发行:人民交通出版社股份有限公司
地　　　址:(100011)北京市朝阳区安定门外外馆斜街 3 号
网　　　址:http://www.ccpress.com.cn
销售电话:(010) 59757973
总 经 销:人民交通出版社股份有限公司发行部
经　　　销:各地新华书店
印　　　刷:北京市密东印刷有限公司
开　　　本:720×960　1/16
印　　　张:10.25
字　　　数:179 千
版　　　次:2017 年 12 月　第 1 版
印　　　次:2017 年 12 月　第 1 次印刷
书　　　号:ISBN 978-7-114-13714-3
定　　　价:30.00 元

前　言

　　长江三峡库区河段，蓄水前地质灾害频发，我有幸参加鸡扒子、链子崖、新滩、黄腊石等特大型滑坡勘测试验研究和应急抢险、航道治理、滑坡治理，历时十余年，其中鸡扒子特大型滑坡，是几百年一遇的，堵塞长江航道，摧毁房屋，造成重大灾害的特大型滑坡。该滑坡位于三峡河段云阳老县城附近，1982年7月16日，因暴雨触发。滑坡体体积约1500万 m^3，其中前缘230万 m^3，碎裂岩块推入长江，直抵对岸，堵塞了全部航槽，形成3条潜坝，枯水期堵塞过水断面面积约80%，中洪水期堵塞过水面积58%，河道中流速大、水面比降陡，流态十分紊乱，船舶航行十分困难。经专业队伍测量和专家研究，长江航务管理局向交通部提出报告称：当地水位在11m以下，必将断航，预计每年断航7~8个月。一旦断航，将严重影响我国西南各省的生产、生活。国务院对此十分重视，立即成立以国家经贸委牵头，交通部、四川省、地矿部等有关省部委参加的鸡扒子滑坡抢险治理领导小组，并设办公室。我当时应急抽调到办公室，负责全面技术指导。滑坡治理工程，分两期进行，一期工程为应急抢险，二期进行航道整治和滑坡治理，历时3年，总投资8220万元。1985年竣工验收时，我提出要总结并编写一本书，很快得到交通部领导支持，决定由我主持编写，人民交通出版社负责出版。

　　在1986年，先后完成本书6章初稿。其中，刘书伦负责大纲、第1章、第5章和第6章部分内容的编写工作；四川省地矿局南江大队负责第2章、第3章编写工作；四川省万县地区防汛抗旱指挥部和四川省地矿局南江地质大队参加第6章部分内容的编写工作；西南水运工程科研所负责第4章编写工作。最后，由刘书伦同志统稿。

　　当时，因时间短，形成的初稿远未达到出版要求，需继续修改、完善。以后，我参加三峡工程论证，随后调到国务院三峡建设委员会技术司工作，编写工作因此停止十多年。回交通部工作后，由于多种原因很难继续完成此书编写，直到2015年，得到重庆交通大学的支持和帮助，重新对本书进行修改、完善。参加本书修改、完善的除刘书伦外,还有重庆交通大学的王平义、王多银、周华君、喻涛、许海勇、张永飞、张婕、贺仁品、李秋圆、张玉等老师和研究生。

本书编写出版很不容易,要特别感谢重庆交通大学的支持和帮助,感谢参加修改、完善工作的各位老师和学生;感谢参加初稿编写的有关单位;感谢人民交通出版社股份有限公司给予的大力支持。

同时,我们不要忘记为长江三峡库区滑坡治理做出重大贡献的同志。

鸡扒子特大型滑坡应急抢险和综合整治工程,在技术上曾遇到很多困难,并有不少争议。本书的论述,因受限于当时的条件和技术水平,有些认识不一定对,请大家指正。

刘书伦

2017 年 3 月

目　录

1.1 概述

长江鸡扒子滑坡位于长江三峡河段,云阳老县城下游 1.0km 的长江左岸。该滑坡使宝塔老滑坡体部分复活。

1982 年 7 月,该地区连降暴雨,46 小时降水量 331mm,老滑坡体后缘先产生局部崩塌,约有 17 万 m^3 泥石堵塞了主排水沟,导致大量地表水沿后缘裂缝注入滑坡,引起大规模滑坡。滑坡体面积 0.774km²,如图 1-1 所示。滑体后缘宽 300m,前缘宽(沿长江岸坡)700m,纵长 1400m,总体积约 1500 万 m^3。滑体有 230 万 m^3 块石推入长江,直抵对岸。

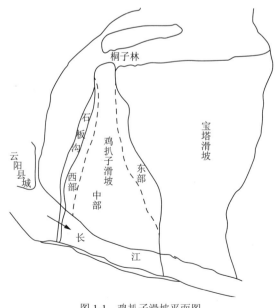

图 1-1 鸡扒子滑坡平面图

— 1 —

1982 年 7 月 15 日产生滑坡,当时正值长江洪水期,当时水位为当地零水位以上 30m,虽然 230 万 m³ 土石进入河床,但因洪水河床过水断面面积大,平均流速 2.5m/s,没有形成急流泡漩。当水位降到当地水位 30m 时航行初感困难,以后随水位下降,逐步形成急流险滩。

经过河床全面测量,专家论证分析,认为水位降到当地水位 13m(或 10m)将断航,断航期 230 天。

长江干流是我国航运大动脉,一旦发生断航,对国民经济和社会影响很大。因此中央对此十分重视,立即成立以国家经济贸易委员会、交通部、四川省为主的领导小组和现场指挥部,对鸡扒子滑坡进行抢险和治理工作,主要目标是:

(1)采取一切措施争取不断航。

(2)积极做好客、货分流和翻坝运输,保证客、货运输不中断。

(3)积极进行地质勘察和河工模型试验,研究治理方案。

在领导小组领导下,发挥了各方面的智慧和力量,经过近一年的抢险工程,配合绞滩措施,做到了不断航,日夜通航,使居民回到家园。紧接着进行航道整治和滑坡治理,经过三年设计、施工,总投资 8220 万元于 1986 年竣工验收,滑坡体治理后得以稳定,居民安居乐业,消除航道绞滩,恢复正常通航。该项目获国家科技进步二等奖。现将几个技术问题论述如下。

1.2　滑坡主要特征

鸡扒子滑坡滑床位于基岩上,滑床以上为碎裂岩石体和黏土,透水性较差,滑坡厚度 30~40m,剪出口高程 70~80m。

如图 1-1 所示,滑体在平面上可划分为东部、西部、中部三个区域。西部为塑性流动区,地面物体的水平位移 150~290m,位于其上的建筑物全部被摧毁;中部推移区,水平位移 108~190m,临长江部分位移较大,冷冻厂全部被推入江中;东部为牵引滑动区,表现自下而上的逐级滑动,破坏程度亦自西向东逐渐减弱。鸡扒子滑坡体剖面如图 1-2 所示。

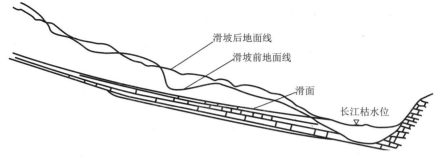

图 1-2 鸡扒子滑坡体剖面图

1.3 长江河道堆积状态和水流状态

在天然状况下河道顺直,洪水河宽 450m,枯水河宽 120~130m,洪枯水位差 40 余米,枯水时河道水深 30~40m,流速 1.5m/s。

滑坡后有 230 万 m^3 土石推入长江,其中洪水位以下河床堆积 180 万 m^3,入江的土石,绝大部分是碎裂岩块,泥土很少,部分泥土碎石入江被水流冲走。

河道中滑体堆积厚度 20~30m,形成三道如潜坝似的堆积块体,横卧江中,河道中形成三道水埂。

枯水河槽大部分被堵塞,枯水时的过水面积由 2700m^2 减少到 580m^2,填塞率 80%~85%,中水河床断面面积填塞 58%,洪水位时填塞 24%。由于河床被滑体填塞,过水断面面积急剧减少,在长达 600m 的河段形成急流泡漩,通航十分困难,各级水位时河道内最大流速和比降见表 1-1。

各级水位河道内最大流速和比降   表 1-1

当地水位(m)	河道中最大表面流速(m/s)	局部水面比降(‰)
25.6	6.1	4.0
21.0	5.9	3.7
20.2	6.0	3.7
17.0	6.3	4.8
14.5	6.0~6.5	5.3

随着水位下降,航道中流速、比降继续增大,泡漩汹涌。

— 3 —

1.4 各级水位时通航情况

各级水位时的通航情况,见表1-2。

各级水位时的通航情况 表1-2

当地水位(m)	通 航 情 况
31	上行航队开始感到困难
24	大功率顶推船队(1942kW顶推船队),须解队分拖上驶
22	开始禁止下水夜航,只能白天通过
20	所有顶推船队解队助拖,采用2941kW推轮助推过滩
15	大型客船需要1942kW推轮助推过滩,油运中断
14.0~14.5	多艘推轮助推空驳上滩

1.5 抢险工程(第一期工程)

当出现上述水流情况,通航十分困难时,大家对滩势分析和抢险工程争论激烈。有些人认为入江土石大部分是碎裂岩块,急流也不能冲走,按当时测图认证,当地水位13m左右,将出现超常的急流和泡漩,流速可达10m/s,断航是必然的,而且也不是在短期内能疏通航道,至少要断航大半年时间(230天),而且在这种急流状态下,炸挖航道中的岩石没有先例,开挖难度极大。专家组到现场后,刘书伦同志依据测图,重新对水面曲线进行计算分析,认为水位再下降,滩口会出现较大壅水,过水断面面积不是零水位下的320m²,而是580m²。重新计算后认为,航行最困难水位可能发生在当地水位5~7m,最大流速7.5m/s,最大水面比降11‰。根据青滩航道整治经验,水下裸露爆破已突破流速5~6m/s,因此可采取水下裸露爆破。炸除部分实嘴再设置绞滩,可争取不断航。此意见得到交通部领导的支持。经研究决定采取以下综合措施:

(1)船舶解队、助推;

(2)绞滩;

(3)水下裸露爆破,炸除水下突嘴;

(4)修建8km临时翻滩公路和上下游码头;

(5)引进气垫船(联邦德国)供客运过滩;

（6）进行地质勘查，提出滑坡治理方案；

（7）进行河工模型试验，提出航道整治方案；

（8）新建深水急流中抓石船（联合设计，日本建造）；

（9）立即停止修建云阳至巫山 180 段长途翻坝公路，停止订购 80 辆客车及相关设施，挽回了部分损失，节约了投资。

抢险工程的具体实施：

（1）船舶解队、助推。在滩的上下游设趸船。客船用功率为 2942kW 推轮助推，货船解队后由功率为 2942kW 推轮助推，现场成立指挥部，根据当时滩上的流速、比降、流态选择最优航线、航法，派有经验的驾引人员引航。

（2）绞滩。将原绞滩设施进行改善，租用大功率递缆船增设定位驳，改进递缆操作，绞滩获得成功。

（3）水下炸礁。在这样深水急流下炸礁是十分困难的，采用水下裸露爆破遇到的难题是急流中船舶定位，如何放置药包，如何稳定药包。经过多次试验，后采用大型挖泥船定位在江中，然后利用挖泥船绞缆设备牵引一艘大型木船作为投药包船，药包放后松主缆使药包贴住岩石，然后起爆。同时与交通学院（现重庆交通大学）一起，试验遥控起爆，采用一套声波遥控装置，声波发射后传递到水听器，水听器转换成电信号，由电信号再启动起爆开关起爆，经现场试验获得成功。经过一段时间的水下爆破，炸除了左岸伸出的三道坝的突嘴，流速、比降有所降低。原当地水位 7m 时河道中流速最大 7.3m/s，最大水面比降 11‰。经过水下炸礁和陆上炸挖后，流速、比降逐步减少。

1982 年 12 月 17 日，恢复下水夜航；

1982 年 12 月 25 日，恢复上水夜航；

1982 年 12 月 28 日，恢复油运；

1983 年春，该河段航道的水流条件已明显好转，配合绞滩，达到正常通航。

在这一阶段，地质勘察完成了初勘，河工模型试验也完成了制模和验证，为滑坡治理和航道整治打下了很好的基础。

1.6　滑坡治理和航道整治（第二期整治工程）

鸡扒子滑坡整治的特征是滑坡治理和航道整治相互协调进行。航道整治与滑坡治理取得成功,效果很好,是综合分析、统筹优化的结果。

1)滑坡治理工程

在工程地质初勘的基础上又进行工程地质详勘,在取得大量地质勘察成果的基础上,在当时的地矿部水文司戴广秀总工程师的领导下,先后组织召开了 6 次工程地质专家评审和研讨会,对滑坡机制、成因、剪出口位置、各种参数以及治理原则等主要工程地质问题进行了详细的分析研讨,得出明确的结论。根据这些意见进行滑坡治理和修改航道整治设计。

滑坡治理工程有以下 8 项:

(1)横向拦山埝。即横向排水沟,把山坡地表水拦截,排入滑坡体外。共修建 3 条拦山埝,即东拦山埝,长 1065m,西拦山埝长 1142m,新铺子拦山埝长 1163m。

(2)修建纵向排水沟。将原石板沟加以修复扩大,主沟长 1235m,设计减水量 10.6m³/s。修建中心沟长 926m,修建新桥沟长 1041m,修建新沟长 621m,修建新埝沟长 827m。

(3)削坡。鸡扒子滑坡后,东侧形成高的陡坎,采用削坡减载手段,使边坡稳定,削坡共 9 处 6.8 万 m³,削坡坡度变为 1∶2。

(4)盲沟。在檀树湾一带,原有几处泉水出露的地方,滑坡后遭受破坏,使得地下水不能排出,因此需在该处布置丁形盲沟,主沟长 60m,两侧沟长 40m,沟宽 2m,把滑体渗水排出。建后排水效果好。

(5)桐子林拱石挡墙。挡墙长 290m,用钢筋混凝土桩 226 个,每根柱长 2~3m,断面尺寸 0.3m×0.3m。

(6)浅尾锚固。拦山埝位于基岩斜坡上,岩体开挖后很容易产生滑坡,采用 22mm 钢筋伸入下层基岩,共做 333 个锚杆。

(7)生物措施。种植广柑红橘和用材林,共种 60 万株。

(8)建立监测站。监测滑坡体变形和排水量监测,建立排水沟维护管理机构,共监测和维护 3 年。

2)航道整治工程

鸡扒子滑坡造成急流滩的整治工程,与一般急流滩整治不同,必须与滑坡治理,统筹分析研究,要建立在滑坡稳定的基础上,为此滑坡治理方案与航道整治方案需要交叉计算,滑坡治理要根据航道整治的开挖断面进行稳定性分析,航道整治、分析滑体稳定性后，要确定具体开挖、保留地点，必须进行断面设计，并进行河工模型试验。在经过 15 个工程方案试验后，提出推荐工程方案。地质工程专家组审查后，发现前缘支撑部分抗力不够，经核算需留下一块作为支撑，留下部分滑体作为支撑或采取抗滑桩工程。这样，航道整治工程方案与滑坡体稳定性分析要求，产生重大差别。刘书伦同志根据现场原观成果，提出进一步修改岸线线型和边坡，使各级水位下船舶能利用岸边较低流速，靠岸行驶，并提出进一步论证船舶自航上滩的水流技术标准。进一步论证滑坡治理中的滑坡体稳定系数标准，并决定继续进一步做河工模型试验和滑坡体多组工况条件下稳定性计算分析。在确定该滩的整治水流标准方面，做了大量试验研究工作：一是结合地质勘察的计算分析，确定该滩允许整治程度，也就是滑体前缘开挖量，以及能够开挖的具体部位；二是结合运输要求，选择代表船型和载货量。经过大量模型试验和实际观测，最后得出代表船型是 1942kW 推轮顶推 2 艘 1000t 驳，半载，其自航过滩，航线上允许的最大流速、水面比降见表 1-3。

航线上允许的最大流速与水面比降　　　　　　表 1-3

流速（m/s）	4.5	4.0	3.5	3.0
水面比降（‰）	0.8	1.6	3.6	4.4

滑坡治理的标准。经过对滑体稳定分析，考虑排水有效和排水失效，考虑暴雨和长江洪水等条件，经专家讨论确定滑体的安全系数 $K=1.1\sim1.2$，此安全系数考虑了排水失效和暴雨条件。

最后，经专家讨论，采用河工模型试验 15 方案的基础上，优化了航道整治工程方案。

工程竣工后，经过两年观测，除了最初几年桐子林有局部变形外，其他无任何变形，说明滑坡治理效果很好，所采用的工程措施也是最经济的。在船舶通航方面经历 2 年，所有船舶船队均能自航上滩，安全畅通，达到设计要求。在整治断面方面，采用阶梯开挖断面，有效地结合了滑体稳定要求，并降低了开挖工程量，在开挖的平面布置上结合设计航线布置折线，并对右岸也进行少量开挖，以改善水流流态。航道整治工程，水上炸礁 33.7 万 m^3，水下炸礁 11.7 万 m^3。

3）航道整治施工

施工区域工作水深 4~10m，流速 3.5~5.0m/s，泡漩汹涌。在这种工况条件下，要完成 10 万余立方米的水下炸礁和水下块石清挖任务是十分困难的。

水下裸露炸礁，经过多次试验，吸收了以往川江急流水下炸礁经验，成功解决了投药船定位问题和药包稳定问题，并成功采用了声波遥控起爆。在水下钻孔爆破方面，研制成功了新的潜孔钻机，安装在工作船上，并研发了新的钻孔工艺（二管一钻）。采用了几种高效力炸药，顺利完成了 10 万 m^3 的水下炸礁任务。

在流速为 3.5~5.0m/s 的水下进行了清礁，国内已有各类挖泥船均不适用，必须研制新的挖泥船。经与日本合作，设计制作两艘能在深水急流中施工的挖泥船。这种挖泥船的特点是：一是，稳定性好，锚缆设备能在深水急流中稳船定位；二是，抓斗好，4m^3 重型抓石斗在急流中抓石效率高，效率超过 8m^3 的抓石斗。此外，新造挖泥船，主机和辅机性能好，抓斗的耐久性好。锚缆设备配备了拉力传感器，可知瞬间拉力。对这两艘新造挖泥船，研发了一些有效的新技术，解决了急流中稳船定位、急流造成漂斗抓石效率低等问题。

1983 年，紧接第一期应急抢险，开始二期整治工程，包括滑坡治理和航道整治，于 1984 年底完工。滑坡治理是在工程地质详勘的基础上进行的。由南江大队和地方设计院共同提出滑坡治理工程方案，地矿部（现国土资源部）水文地质局和滑坡治理领导小组办公室共同主持审查。当年组织工程实施，内容包括：建筑拦截地表水的拦山埝；建设地表排水和地下排水系统，疏排地表水和地下水；在滑坡后缘建筑挡墙，防止后缘桐子林滑坡下滑；滑坡东面进行削坡减载。最后在滑体剪出口附近，保留 5 万 m^3 基岩作为护脚。

航道整治工程：①采用深水急流炸礁技术，破碎大型滑入江中的岩体；②研制深水急流中抓石船，抓取大量破碎岩块疏通航道；③通过河工模型试验，研究 20 多种航道整治工程开挖方案。在整个治理工程设计中，采取交叉审查，相互优化修改，得出综合治理工程方案后经过多次专家评审，选取实施方案，该方案既能保持滑坡稳定，又能基本满足船舶自航上滩要求，但安全余度很小，需在工程完工后加强监测和管理维护。

航道整治一期工程完成水上炸礁 15.2 万 m^3，水下炸礁 3.63 万 m^3，水下清礁 3.44 万 m^3。二期工程完成水上炸礁 17.3 万 m^3，水下炸礁 8.4 万 m^3，水下清礁 8.2 万 m^3。一期工程完成排水渠道长 4000m，二期工程完成排水渠道长 10350m。

建立了长期地面位移和地下水观测系统，总投资 8220 万元，其中一期工程 6000 万元，二期工程 2220 万元，实现居民安居乐业，恢复生产，长江恢复正常通航的目的。滑坡治理平面布置如图 1-3 所示。

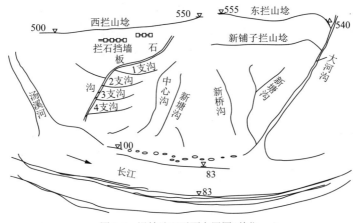

图 1-3　滑坡治理平面布置图(单位:m)

注:图中高程指黄海高程

1.7　鸡扒子滑坡治理主要成果和创新点

(1)滑坡后航道水流条件的分析预报技术。

滑坡时正逢洪水期,河道堵塞后形成急流,但尚能通航。长江航道局立即组织调研和测量,并进行分析计算,预报洪水退后各级流量下的河道水流条件。分析报告的结论:当水位退到当地水尺零水位(即设计最低通航水位)时,河道的过水面积只有 320m²,推算断面平均流速 10m/s,无法通航,设计预计水位下降,将断航 230 天。交通部依据此判断向国务院提出报告,建议立即采取应急抢险措施。交通部随后派去工作组去现场进行调研。工作组在现场重新组织测量和计算分析。工作组刘书伦同志提出原计算有误,枯水位时最小断面过水面积不是 320m² 而是 580m²,最大流速为 7.3m/s,最大局部水面比降 9‰,这些最大流速和水面比降数值与川江青滩的水流指标接近,采用绞滩和水下炸礁配合,可以做到不断航。这一重要判据,得到交通运输部领导采纳,立即修改调整原应急抢险工程方案,取消了云阳至奉节翻坝公路等项目,节约大量投资。实际观测表明,当年枯水时水流流速和水面比降与刘书伦的预测值很接近。

(2)急流通航技术。

当年枯水,滑坡河段最大流速达到 7.5m/s,水面比降 10‰,长江轮船公司采用

3 艘大型推轮（每艘推轮功率 1470~2205kW），助推一艘重 750t 的千吨驳,通过险段上滩,并采取水下裸露大爆破,炸除部分大块体,滩势得到缓和。调集优秀驾引人员驻船指导,调集高级领航员现场拟定驾引方案,实现了不断航行的目标,创造了高流速、陡比降条件下通航大型船队的新纪录,处于国际领先水平。

（3）急流航道中炸礁技术。

滑坡体推入长江河道,大部分是碎裂岩体,土体很少。当河道形成急流后土体被冲走,碎裂岩体和大块石残留河道中形成三道潜坝,必须采用水下爆破方法。在水流流速 5.0~6.0m/s 条件下进行水下炸礁是非常困难的,经过大量试验研究,最终成功采用水下大药包串联爆破方法和遥控起爆方法,具有创新性。

（4）适用深水急流中抓取块石的挖泥船。

专家根据滑坡堆积体大部分是岩块和碎裂岩体的特点和深水急流的施工条件,与日本联合设计制造出新型的挖泥船。这种船用半年时间研制成功,其施工效率较高,安全性能良好,能适用于这种深水急流中抓取大块石（斗容 4m³）。设计和制造中采用多项创新技术。施工中最大工作水深 15m,最大水流流速 5.0m/s。

（5）航道整治和滑坡治理技术。

要在同一滑坡体和堆积体上进行滑坡治理和航道整治,技术上有很多难关,需协调多种工程方案的矛盾。本项目聘请国内有关专家,进行专题评审和交叉评审,并由滑坡治理设计单位和航道治理单位分别提出优化方案,最后刘书伦同志提出多个综合治理方案,进行比选确定。最终选定的治理方案,既能满足航道整治要求,又能满足滑坡体稳定要求,但安全余度很小,都接近设计的低值,因此,竣工后要加强监测与维护管理。这种滑坡综合治理技术在国内属首创。

（6）滑坡机制和稳定性分析评价。

南江地质大队通过大量工程地质初勘和详勘深入调查分析,认为暴雨是引起滑坡的主要触发因素结论正确,论证充分。

采用不同航道整治工程方案和排水方案,以及长江水位多种组合工况,采用不同的分析计算方法,综合分析评价滑坡稳定性,主要结论符合实际,总体评价正确。

（7）滑坡体治理中,以建挡排水系统为主的工程方案正确。设计单位结合滑坡体的地质地貌,采用拦山埝及排水沟、盲沟等排水工程,结构简单,维护方便,效果良好,降低了投资。

（8）经过 18 年的观测,充分论证:三峡枢纽蓄水后对本工程的影响,采取偏低的滑坡体稳定系数和偏低的通航水流标准是合适、正确的。

2.1　滑坡区地层、构造及水文地质

2.1.1　地层

区内出露侏罗系上统遂宁组上段(J_3s^2)、蓬莱镇组下段(J_3p^1)地层,为一套内陆湖河相碎岩沉积。第四系(Q)地层发育,分布广泛(图 2-1)。

1)遂宁组上段(J_3s^2)

按岩性差异可分为 7 层,大部分分布于长江北岸斜坡上部,其中与本区滑坡有关的层位仅是该段顶部的第 6 层(J_3s^{2-6})与第 7 层(J_3s^{2-7})。第 6 层以石英粉砂岩为主,第 7 层以泥岩为主。

2)蓬莱镇组下段(J_3p^1)

蓬莱镇组下段分布于长江北岸斜坡中下部及长江南岸,是滑坡区出露的主要地层。其岩性以灰、灰白色钙质胶结的厚层状中细粒长石石英砂岩为主,夹紫红色粉砂质、钙质泥岩与薄层状石英砂岩。区内出露厚度 154.66m。

根据岩性组合特征,将其分为 13 个岩性层(J_3p^{1-1}~J_3p^{1-13}),其中 1、3、5、7、9、11、13 等七层为砂岩层,每层厚度一般大于 10m,各层平均厚度累积为 106.75m,占该段平均总厚度的 68.7%,以灰、灰白色钙质胶结的厚层状中细粒长石石英砂岩为主,局部夹紫红色钙质、粉砂质泥岩透镜体。2、4、6、8、10、12 等六层为泥岩层,每层厚度一般小于 10m,各层平均厚度累积为 48.4m,为该段地层总厚的 31.3%,以紫红色、暗紫色粉砂质、钙质泥岩为主,夹同色石英砂岩。泥岩的矿物成分含较多的伊利石,且在同一层泥岩内,自上而下伊利石含量增加。

地层				代号	剖面 1:1000	厚度(m)	岩 性 简 述
系	统	组	段	层				

系	统	组	段	层	代号	剖面1:1000	厚度(m)	岩 性 简 述
第四系					Q		0~93.7	由滑坡堆积、崩坡积-残坡积和冲积等不同成因的松散堆积物组成。冲击物:砂砾卵石、偶见碳化木,厚0~20.38m;残坡积物:黄色紫红色黏质砂土,含钙质结核,厚0~20m;崩坡积物:砂岩、泥岩碎块石夹砂质黏土,厚0.5m;滑坡堆积物:紫红色、暗紫红色黏质砂土夹块、碎石,块碎石夹砂质黏土,砂岩泥岩层状。碎裂岩体厚0~93.70m
								浅灰白色泥钙质胶结的厚层状中细粒长石石英砂岩,小型水平层理发育,孔隙式胶结,厚度较稳定
								棕红色、紫红色含钙质的粉砂质泥岩夹同色薄层石英粉砂岩,南厚北薄
								浅褐灰色钙泥质胶结的厚层状细粒长石石英砂岩。底面不平,含紫红色泥岩团块。孔隙式胶结,厚度较稳定
侏罗系	下统	蓬莱镇组	下段	13层	J_3p^{1-13}		14.08~15.09	紫红色含粉砂质的钙质泥岩,南厚北薄
				12层	J_3p^{1-12}		1.57~15.03	浅灰白色钙泥质胶结的厚层状中细粒长石石英砂岩,孔隙式胶结,厚度较稳定
				11层	J_3p^{1-11}		4.37~7.0	
				10层	J_3p^{1-10}		0.7~4.8	
				9层	J_3p^{1-9}		15.95~19.80	紫红色粉砂质钙质泥岩与灰紫色钙质胶结的薄层长石石英粉砂岩不等厚互层,以泥岩为主,南北较厚
				8层	J_3p^{1-8}		1.74~10.22	灰白、灰紫泥质钙质胶结的厚层状细粒长石石英砂岩,孔隙式胶结,厚度较稳定
				7层	J_3p^{1-7}		12.64~10.01	紫红色含钙质泥岩,夹薄层状钙质石英粉砂岩,南薄北厚
				6层	J_3p^{1-6}		3.94~11.82	
				5层	J_3p^{1-6}		11.08~15.01	砂岩夹紫红色泥岩透镜体。砂岩为孔隙式胶结,底面不平,呈波状
				4层	J_3p^{1-6}		1.43~11.11	紫红色钙质泥岩,夹紫灰色钙质胶结的石英粉砂岩,全区本层厚度较稳定
				3层	J_3p^{1-6}		8.05~10.91	
				2层	J_3p^{1-2}		5.19~17.41	灰白色钙泥质胶结的厚层状中细粒长石石英砂岩,夹黑灰色泥岩,紫红色粉砂质泥岩透镜体,砂岩孔隙式胶结,底面不平,含紫红色泥质团块
				1层	J_3p^{1-1}		25.77~34.98	紫红色、棕红色粉砂质泥岩与浅灰紫色中至薄层状石英粉砂岩不等厚互层。下部以泥岩为主,上部以粉砂岩为主
								青灰色至浅灰白色钙质胶结的厚层-薄层状中细粒长石石英砂岩,孔隙式胶结为主。北部砂岩分叉增厚,中上部出现紫红色粉砂质泥岩透镜体夹层,竹儿塘至李子林一带出现黄色粉砂质钙质页岩透镜体。本层砂层厚度大,对比标志明显
		遂宁组	上段	7层	J_3s^{2-7}		21.84~24.66	暗紫色、紫红色钙质泥岩,夹薄层石英粉砂岩,厚度较稳定
				6层	J_3s^{2-6}		29.6	上部浅紫灰色,泥钙质胶结的厚层状石英粉砂岩,厚7.72m。中部为紫红色泥岩夹薄层石英粉砂岩,厚71.37m,下部紫灰色厚层状钙质胶结的细粒石英砂岩4.51m

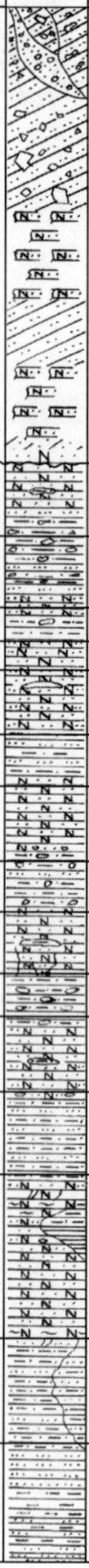

图 2-1 鸡扒子滑坡区综合地层柱状图

上述砂岩和泥岩呈不等厚互层状产出。其中第 1~7 层（J_3p^{1-1}~J_3p^{1-7}）分布于滑坡范围内，构成滑坡壁和滑坡床；第 8~13 层（J_3p^{1-8}~J_3p^{1-13}）分布在滑坡外围的大河沟以东和长江以南，与滑坡无直接关系。

3）第四系（Q）

区内第四系主要由冲积、残坡积、崩坡积和滑坡堆积等不同成因的松散堆积物组成。其中以滑坡堆积为主，厚 0~93.7m，其岩性为浅褐黄色、紫红色砂质黏土（或黏砂土）夹碎块石、碎块石夹砂质黏土和砂岩泥岩碎裂岩体；崩坡积物分布于播鼓台及祥家园等地，厚 0~5m，以长石石英砂岩及泥岩块碎石为主，夹少量砂质黏土；残坡积物分布于扒子丘、宝塔及汪家梁等地，厚 0~20m，以浅褐黄色或紫红色砂质黏土为主，含钙质结核及块碎石；冲积物分布于长江河床及漫滩，厚 0~20.38m，为低漫滩相沉积的石英砂和河床堆积的青灰、深灰色砂砾卵石层，砾石成分复杂，以花岗岩、玄武岩、石英岩为主，次为石灰岩及长石石英砂岩，河床砂砾卵石石层中偶见炭化木。

2.1.2 构造

滑坡区位于四川东部褶皱带北东端的故陵向北翼，为一单斜构造（图 2-2）。

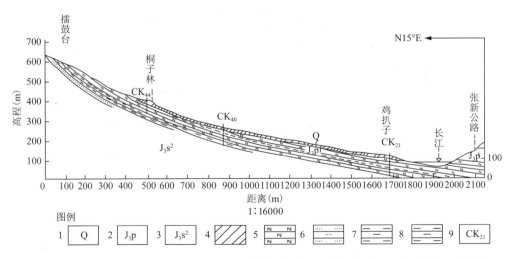

1-第四系砂岩；2-侏罗系上统蓬莱镇下段；3-侏罗系遂宁组上段；4-滑坡堆积物；5-长石石英；6-粉砂岩；
7-粉砂质泥岩；8-泥岩；9-钻孔及编号

图 2-2 鸡扒子滑坡区单斜构造剖面图

区内岩层走向近于东西,倾向南,倾角上陡下缓,由 46° 渐变为 8°,呈"靠椅形"。区内岩层倾角变化:自上而下由北往南大致可分为四段(表 2-1)。

岩层倾角变化表   表 2-1

自上而下(由北往南)	位 置	间距(m)	倾角(°)	平均递降值(1°/m)
第一段	擂鼓台—桐子林	440	38 ～ 46	36.7
第二段	桐子林—檀树湾	120	22 ～ 38	7.5
第三段	檀树湾—长江北岸	1200	10 ～ 22	100
第四段	长江北岸—长江南岸	400	8 ～ 10	200

其中倾角变化最大的是第二段,即斜坡中上部的桐子林至檀树湾一带,该段倾角平均递降值为 1°/7.5m;倾角变化最小地段是第四段,即斜坡下部的长江两岸,倾角平均递降值为 1°/200m。岩层产状及其倾角变化的上述特征,有利于斜坡表层岩体的滑移–弯曲变形。

区内未见断层。但砂岩之间所夹的泥岩,在构造应力的挤压作用下,多处出现揉皱破碎现象,以石庙子附近最为明显(图 2-3)。

图 2-3　石庙子附近的层间挤压现象

值得注意的是,砂岩中的泥岩夹层受层间挤压后,在水的长期作用下有产生泥化的可能。据斜坡下部分沿江一带的四个钻孔资料统计,共有 8 处泥化夹层,厚度一般为 0.10m 左右,最厚为 0.46m(表 2-2)。但它们分布的层位不连续,不具成层性;分布高程不一致,不过大体都位于海拔高程 60m 以下,即长江枯水位以下,而在枯水位以上未发现泥岩夹层的泥化现象。

钻孔中泥化夹层（单位：m）　　　　　　　　表 2-2

孔　　号	泥化夹层深度	泥化夹层高程	厚　　度	层　　位
CK₁₉	30.78~30.88	62.82~62.72	0.10	J₃p¹⁻⁴
	43.90~44.36	49.70~49.24	0.46	J₃p¹⁻²
CK₂₀	33.21~33.56	55.24~54.89	0.35	J₃p¹⁻⁴
CK₂₁	33.10~33.12	74.88~74.86	0.02	J₃p¹⁻⁵
	63.84~63.92	44.14~44.06	0.08	J₃p¹⁻²
	65.44~65.53	42.54~42.45	0.09	J₃p¹⁻²
CK₃₀	41.80~41.90	76.13~76.03	0.10	J₃p¹⁻⁶
	79.42~79.52	38.51~38.41	0.10	J₃p¹⁻²

由此可以认为，鸡扒子滑坡所处的长江北岸斜坡，在地质构造上尚未形成深层滑动的条件。

此外，在擂鼓台至竹儿塘一带的斜坡岩体中也见层间挤压滑动，这可能属于斜坡上部表层岩体在自重作用下，沿砂岩泥岩界面发生的滑移-弯曲变形现象。

区内裂隙：从蓬莱镇组下段（J_3p^1）砂岩、泥岩中的统计资料看出，岩层中压性、张性和压扭性裂隙都有发育（图 2-4、图 2-5）。

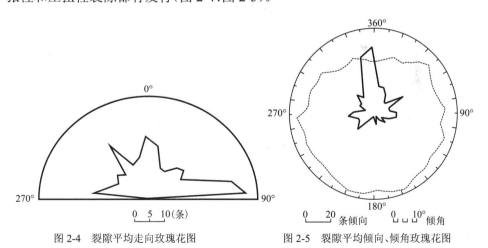

图 2-4　裂隙平均走向玫瑰花图　　　　　图 2-5　裂隙平均倾向、倾角玫瑰花图

（1）压性裂隙受南北向压应力而产生，其走向近于东西，与岩层走向一致。以 N77°~86°E 为主，N85°W 次之，倾向北西或北东，与岩层倾向相反，倾角 51°~54°。此类裂隙延伸较远，发育深度较大，裂隙面倾向较平直，张开度小。

（2）张性裂隙受东西向应力而产生，走向 N3°~N7°E 近南北，与岩层走向垂直，倾向 SE 或 SW，倾角 65°~66°。裂隙宽而短，裂面粗糙。

上述两类裂隙在工作区北段比较发育，在平面上组合成棋盘格状（图 2-6）。

图 2-6　压性和张性裂隙组成的棋盘格状

（3）压扭性剪切裂隙受北西向和北东向剪切应力而产生。平均走向 N35°W 和 N47°E，倾向 NE 和 NW，倾角 57°~64°。在平面上组成"X"形，裂隙面平直，延伸远，张开度小。从总体上看，区内裂隙发育强度较弱，面裂隙率最大仅 1.98%，最小 0.019%，平均 0.6%。裂隙发育的强弱程度随岩性、岩层厚度和倾角的不同而有所不同，一般是砂岩比泥岩裂隙发育较强；当岩性相同时，则岩层厚度薄的比厚的、岩层倾角大和变化大的比岩层倾角小且变化较小的裂隙发育较强。

区内地震：据四川省地震局研究资料，本区地震强度在 6 度以下，属基本无震区。

2.1.3　水文地质

区内水文地质条件较简单，地下水按含水介质和赋存状态可以划分为松散岩类孔隙水和基岩裂隙水。

松散岩类孔隙水的含水岩组主要是第四系的滑坡堆积及崩坡积、残坡积和冲积层。其中，残坡积层主要由砂质黏土夹钙质结核和碎石块组成，厚 0~20m，据试坑注水实验，其渗透系数小于 0.0049m/d，属于基本不透水也不含水的隔水层；滑坡堆积及崩坡积层主要由砂质黏土夹碎块石、碎块石夹砂质黏土和砂岩、泥岩碎裂岩体组成,厚 0~93.7m,空隙发育,但是补给条件差,富水性微弱,泉水流量小于 0.1L/s;冲击层由沙砾卵石组成,结构疏松,与江水紧密联系,含水丰富,因分布于斜坡下部的漫滩和江床,与滑坡关系不大。泉水岩性调查见表 2-3。

泉水岩性调查表　　　　　　　　　　　　　　　　　表 2-3

编号	泉水出露位置	含水层		泉水类型	流量(L/s)	调查日期(年.月.日)
		时代	岩性			
NS 01	桐子林滑坡前缘	Q	砂黏土夹块石	下降泉	0.0081	1983.3.17
					0.07	1984.7.31
NS 03	石板沟中部	Q	砂黏土夹碎石	下降泉	0.0081	1983.2.5
NS 04	云阳县磷肥厂	Q	块碎土夹砂土	下降泉	0.02	1984.7.31
					0.10	1983.2.4
NS 06	檀树湾	Q	黏砂土夹块碎石	下降泉	0.0535	1983.3.17
NS 07	檀树湾	Q	黏砂土夹块碎石	下降泉	0.046	1983.3.18
NS 14	鸡扒子滑坡前缘	Q	块碎石夹砂黏土	下降泉	0.039	1984.2.27
NS 15	竹儿塘	Q	砂黏土夹块碎石	下降泉	0.001	1984.5.10
NS 16	黄家院子	Q	砂黏土夹块石	下降泉	0.007	1984.7.31
NS 17	杨家淌	Q	砂黏土夹碎块石	下降泉	0.0017	1984.5.10
NS 18	东向家园	Q	砂黏土	下降泉		1984.7.31
NS 19	西向家园	Q	砂黏土夹块碎石	下降泉	0.032	1984.7.31
NS 02	鸡扒子滑坡后壁	j_3p^{1-6}	泥岩	下降泉	0.0109	1983.2.4
						1983.3.17
NS 05	偏岩子	j_3p^{1-1}	砂岩	下降泉	0.00162	1983.3.7
					0.10	1983.2.7
NS 20	李子林	j_3s	砂岩	下降泉	0.0117	1984.5.10
NS 21	李子林	j_3s	粉砂岩	下降泉	0.0123	1984.5.10

基岩裂隙水的含水岩组是蓬莱镇组下段和遂宁组上段砂岩、泥岩互层。富水性极弱,地表出露泉水很少,流量均小于 0.1L/s。勘探资料表明,区内地下水埋深多大于 20m,最深可达 78m。上覆第四系松散堆积层多处于饱气带中。除沿江一带受江水影响的少数钻孔水量较大外,其余大部分钻孔涌水量均很小,在

0.00015~0.39L/s 之间,甚至是无水干孔。

因本区东、南、西三面临空,分别被大河沟、长江和汤溪深切,斜坡地形陡,沟谷发育畅通,在自然状况下排水良好。据调查,雨季斜坡上部集雨面积内的地表径流均通过石板沟等纵向沟谷迅速泄入长江。因此,区内降水和暂时性地表水流对渗入补给不利。大面积分布的砂质黏土渗透性十分微弱,蓬莱镇组和遂宁组砂岩、泥岩呈互层状产出,基岩裂隙发育微弱,极不利于地下水的补给与富集。因此,地下水富水性甚微。

由于地形切割剧烈,地下水径流途径短、水力坡度大、排泄迅速,地下水动态随季节变化显著。

地下水化学类型属硅碳酸钙型,极少数为硅碳酸钙镁型。总矿化度为0.2897~0.5626g/L;总硬度为 9.19~17.92 德度(德度是德制硬度计量单位,以每升水中含有的氧化钙的毫克数来计算,每 10mg 氧化钙,相当于 1 德度);总碱度为7.79~18.58 德度;pH 值为 6.9~8.2。

2.2 滑坡特征

本区特定的自然地质环境有利于斜坡变形和滑坡的形成,因此在长江河谷斜坡演变的历史上,鸡扒子滑坡所处的长江北岸斜坡上发生过多次滑坡。按滑坡剪出口高程和由老至新的关系,可将本区滑坡分为四级。第一级为擂鼓台滑坡,高程550m 左右;第二级为桐子林滑坡,高程约 375m;第三级为本区规模最大的宝塔滑坡;高程70m 左右;第四级为鸡扒子滑坡,高程70~80m。此外,还有多处次级小型滑坡。各级滑坡构成一个复杂的特大型滑坡区(图 2-7、图 2-8)。

上述第一级擂鼓台滑坡,位于斜坡最上部的遂宁组和蓬莱镇组砂岩、泥岩地层中,圈椅状环谷地形保存完好,但滑坡堆积物已几乎剥蚀殆尽,残留面积仅0.023km²。它最为古老,但现已处于衰亡阶段,对斜坡稳定性没有影响。因此,以后将不再讨论。

第四级鸡扒子滑坡,它是第三级宝塔滑坡的部分复活,且其后缘已伸入并影响到第二级桐子林滑坡。因此,在进一步讨论鸡扒子滑坡时,必将涉及宝塔和桐子林滑坡。所以首先介绍桐子林、宝塔老滑坡的特征,然后,在此基础上对鸡扒子滑坡的特征进行讨论。

1：16000

1-洪积物；2-崩积物；3-坡积物；4-残积物；5-冲积物；6-滑坡堆积物；7-蓬莱镇组下段第一至第十三层；8-遂宁组上段；9-岩层产状及倾角；10-倒转产状及倾角；11-实测及推测地质界线；12-钻孔及编号；13-勘探剖面及编号；14-桐子林滑坡前缘陡坎；15-1982年新滑坡；16-桐子林老滑坡；17-宝塔老滑坡；18-擂鼓台老滑坡；19-滑坡的主滑方向；20-滑坡台面前缘；21-湿地；22-泉及编号；23-张裂缝；24-洼地；25-滑坡鼓丘；26-局部崩溃；27-滑坡壁；28-排水沟

图 2-7　鸡扒子滑坡区工程地质平面示意图

图 2-8　鸡扒子滑坡全景

2.2.1 桐子林滑坡特征

桐子林滑坡位于宝塔滑坡和鸡扒子滑坡的后缘以上(图2-9),是本区仅晚于擂鼓台滑坡的较古老的滑坡。在它的东侧还有一个向家园滑坡与之裙联,两个滑坡的剪出口高程和滑体结构与滑床特征基本一致,因此将向家园滑坡纳入桐子林滑坡一起讨论。

1)滑坡外形与滑体结构

由于滑坡形成时代较早,遭受后期剥蚀破坏严重,其滑坡要素多已模糊,但外形轮廓仍然可辨。宝塔老滑坡和鸡扒子新滑坡均先后伸入其前缘,所见到的只是其残留部分。滑坡残体东西向长1200m,南北宽80~380m,平面展布形似笔架,面积约0.2km^2,残留体体积约320万m^3。滑坡地面横向上波状起伏,被冲沟割切,自然排水条件良好。

滑体纵向上(图2-10),滑坡后壁基岩裸露,裸露面与岩层产状基本一致,有蓬莱镇组下段第一层(J$_3$p$^{1-1}$)长石石英砂岩组成;上部呈斜坡20°~30°;下部呈平台,宽20~60m;前缘呈陡坎,高15m,坡度45°,与鸡扒子和宝塔滑坡后缘相连(图2-9)。

图2-9 桐子林滑坡前缘陡坎与鸡扒子滑坡后缘相连

滑体厚度10~27.82m,上部为灰黄、黄褐色砂质黏土类砂、泥岩块碎石,厚度一般为7~13m;下部为砂岩、泥岩层状碎裂岩体夹砂质黏土及碎块石,厚3~15m。前缘碎裂岩体具有反倾现象或呈假平卧褶曲(图2-11)。此外,在滑坡的西侧,还可见到岩体被推移破坏,碎裂的砂岩向上翻卷形成小山梁,1982年的鸡扒子滑坡就是由于这里的破碎岩体塌滑堵塞石板沟而诱发的。

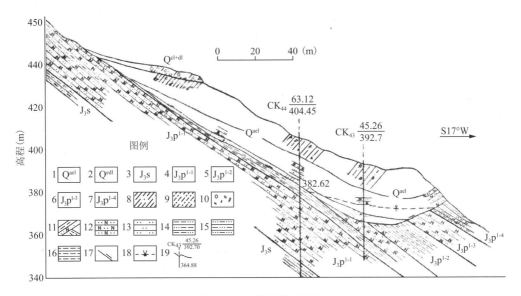

图 2-10　桐子林滑坡纵剖面

图 2-11　碎裂岩体

2）滑面（带）及滑床

据钻探及浅层地震勘探揭露，桐子林滑坡画面最大埋深为 27.82m，至向家园减浅为 15m。滑面倾向 S17°W，倾角自上而下由陡变缓，上部 25°~30°，沿砂、泥岩界面滑动，下部急剧变缓，甚至反翘，切割岩层于 375m 高程剪出。整个滑面形如勺状。

滑带土厚度变化较大，桐子林为 0~5.75m，其岩性以碎裂泥岩夹碎块石和砂质黏土、砂质黏土夹碎石。有的地段无明显滑带土，由碎裂岩体与滑床基岩直接接触。

滑床由侏罗纪系上统蓬莱镇组下段（J_3p^1）的第一层至第五层的长石石英砂岩与泥岩互层组成。

3）滑体土、滑带土的物质组成及物理力学性质

据分析试验资料显示：不包含碎块石的滑体土、滑带土的粒度成分，黏粒占8.20%~51.5%，粉粒占12.40%~38.40%，砂黏粒占14.60%~33.00%，砾粒占0~50.42%。矿物成分中，碎屑矿物以石英为主，含少量长石，其他矿物偶见；黏土矿物以伊利石为主，另有高岭石和绿泥石；化学成分：SiO_2占47.50%~58.80%，Al_2O_3占21.16%~23.35%，铁、钙、镁、钾、钠等氧化物含量较少。滑体土的天然密度较大，在2.00~2.30g/cm^{3}之间，而孔隙比较低，在0.33~0.61之间，反映了土的结构比较密实。同时，天然密度接近于饱和密度（2.09~2.40g/cm^3）。天然含水率（10.82%~18.90%）比塑限（16.17%~20.95%）小，所以土体常呈硬塑状态。液限在26.09%~35.11%，属中塑性土。滑体土的抗剪强度变化较大，原状样在天然状态下C_f=0.94~1.45kg/cm^2，C=0.94~1.45kg/cm^2，φ_f=19°18'~21°17'，C_r=0.85~1.25kg/cm^2，φ_r=18°47'~19°18'。扰动土样，似塑限时，C_f=0.62~1.01kg/cm^2，φ_f=6°51'~31°48'；C_r=0.52~0.93 kg/cm^2，φ_r=4°34'~29°15'；而似液限固结快剪时，C_f=0.10~0.15kg/cm^2，φ_f=16°10'~19°48'，C_r=0.04~0.10 kg/cm^2，φ_r=14°2'~18°41'。

4）滑坡内的地下水

由于滑坡后壁基岩裸露，地形坡度大，植被稀少，滑体中砂质黏土渗透性十分微弱，渗透系数小于0.00015m/d，加之滑坡宽度小，前缘呈陡坎，滑体中冲沟发育。因此，降水和坡面水流得以迅速排泄，对地下水的补给不利，导致地下水贫乏。虽然在滑体及前缘陡坎出露5处泉水，但流量仅0.001~0.032L/s，总流量也只有0.043L/s。这些泉水随季节变化，雨后稍大，久旱干枯，属暂时性的上层滞水。

据桐子林滑坡西部4个钻孔揭露显示，地下水位埋深达15.11~23.35m。除43号孔水位高于滑面外，其余三个钻孔的地下水位都低于滑面。经抽水试验，涌水量只有0.014~0.05 L/s。说明由于滑坡位置高，不仅滑体基本无水，而且滑床基岩地下水也十分微弱。

2.2.2　宝塔滑坡特征

宝塔滑坡是继桐子林滑坡之后发生的。其形成时期距今较近，虽已被改造，但其特征仍保存较好。

1)滑坡外形

滑坡周界明显,北与桐子林和向家园滑坡残体相连,西以汤溪河岸坡为界,东至大河沟,南抵长江。滑坡展布于汤溪河至大河沟之间的整个斜坡中下部,面积达 2.03km²,包括 1982 年复活部分——鸡扒子滑坡在内,宝塔滑坡的总体积约为 1 亿 m³。由于鸡扒子滑坡的产生,使宝塔滑坡解体为东西两部分,东部方家包—枣子坪—磷肥厂一带是滑坡的主体部分;西部汪家梁一带为边缘残体。

滑坡后缘比较平直,由西向东逐渐抬高,滑坡后壁向南偏西倾斜,其坡角与岩层倾角基本一致（20°~30°）,主要由 J_3p^{1-4} 泥岩组成,局部暴露 J_3p^{1-5} 砂岩。后缘滑体陷落高度多在 60m 以上。

滑坡东西两侧由于大河沟和汤溪河的侧向侵蚀作用,岸坡崩塌成陡坎,原始边界被破坏滑坡堆积物与滑床基岩接触界限大多明显,沿接触带可以见到滑坡泉或地下水渗出湿地。

滑坡前缘向长江伸入,使原长江凹岸反向凸起。沿江地带大片分布着弯曲变形或产状混乱的层状破碎砂、泥岩土。如今,其西部已被鸡扒子滑坡改造,而东部磷肥厂一带则仍为滑坡研究者所关注。经钻孔查证,沿江的这些产状混乱的层状破碎岩体,就其性质而言,应属于宝塔滑坡堆积物,而不是受构造影响的稳定基岩。试选择 36、46 号钻孔资料进行分析（图 2-12）:两孔均开孔于上述产状混乱的层状碎裂岩体上,钻探结果显示,远离江边的 46 号孔是破碎岩体直接覆于稳定完整基岩上;而近江的 36 号孔则在破碎岩体与稳定完整基岩之间夹 26.12m 的砂砾岩石层,显然,这是滑坡体推覆在江床冲积物之上。从而确凿地证明上述沿江地带的层状破碎砂、泥岩体属于宝塔滑坡堆积的碎裂岩体。其滑移距离至少在 160m 以上,推测当时的宝塔滑坡滑体被推入江床,并到达了对岸。

滑坡从冲沟发育,由西至东分别是石板沟、中心沟、新塘沟、新桥沟、新堰沟等,发育方向曲折多变,常不垂直于长江,并伴有新生冲沟发育,但总体具有双沟同源特征。总体来看,滑坡地面沟梁相同,起伏不平。坡面上陡下缓,逐级错落,构成一个由后缘到前缘高差达 315m 的大斜坡。滑体上残留四级台阶。因冲沟切割破坏,同级台阶连续性差,滑坡的不同部位台阶的高差不一。如柚子坪—枣子坪和磷肥厂—川主庙剖面,各级台阶与长江枯水位（以 85m 计）的相对高差分别为:一级 70~75m 和 45~50m,二级 85m 和 90~95m,三级 115~120m 和 125~130m,四级均为 200m。台阶面微向长江倾斜,宽度不一,前缘陡坎明显,台面间以斜坡相连。

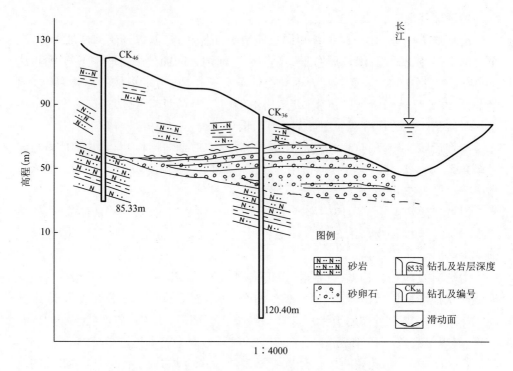

图2-12 宝塔滑坡前缘碎裂岩体推覆于江床砂卵石层之上

2)滑体结构、物质组成及物理力学性质

（1）滑体结构（图2-13）。

根据地面调查和勘探揭露，滑体最大厚度为93.78m。主要由砂质黏土夹钙质结核、砂质黏土夹块碎石、砂岩、泥岩碎裂岩体组成。

①砂质黏土夹钙质结核。

其连续分布于滑坡中下部一级至三级台阶上，以柚子坪、川主庙、大磨盘、枣子坪，以及西部汪家梁一带较为典型。砂质黏土呈黄色、灰黄色，黏着度和可塑性较好，结构紧密，干后较坚硬，常形成陡壁（图2-14）。钙质结核不均匀分布于砂质黏土中（图2-15），近地表含量较多，随着深度增加含量减少。该层厚0~20m。

滑坡面上这些分布广泛的黄色砂质黏土很像冲积或风积而成，但据观察，它应是滑坡的原始堆积物经后期分化和波面流作用后形成的。

②砂质黏土夹碎块石。

其分布在四级台阶以上，直至滑体后缘。以丁家包至新铺子一带最为典型。该层掩埋于滑坡中下部表层砂质黏土夹钙质结核层以下，在滑坡前缘又有出露。

— 24 —

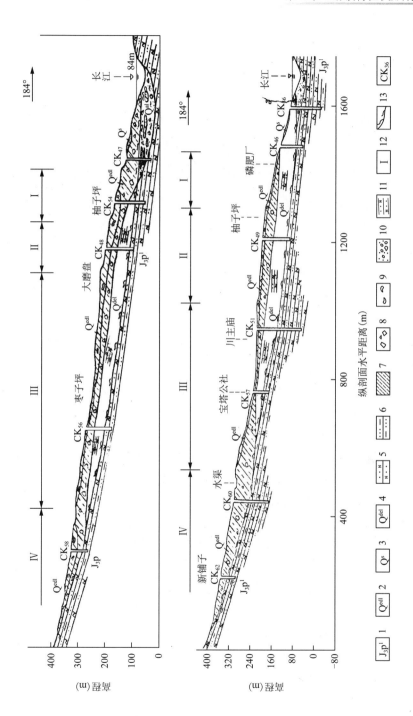

图 2-13　宝塔滑坡 2-2′、3-3′纵剖面图

图 2-14　宝塔滑坡表层砂质黏土形成的陡壁

图 2-15　宝塔滑坡滑表层砂质黏土中夹钙质结核

　　该层中的砂质黏土与表层砂质黏土的不同点在于：色调上呈暗紫色和紫灰色；局部地段砂质含量增高，过渡为黏质砂土，土中常见有砂岩泥岩块碎石风化后形成的紫红色、褐灰色泥质或砂质团块。土中所夹块石和碎石分布不均匀（图 2-16）。该层结构中密～密实，厚 10~58m。

图 2-16　宝塔滑坡滑体中的砂质黏土夹碎石块

③碎裂岩体。

该层在滑坡中下部直至前缘的长江岸边均有分布。在滑坡前缘、大河沟右岸、新堰沟、新桥沟等处所见"露头"宽度 100~140m,延伸长度数十米至千余米(图2-17、图2-18)。其余地段则埋藏于砂质黏土夹碎块石层之下。据钻探显示:在新桥沟以东的川主庙至磷肥厂一带厚 44.99~66.86m;新桥沟以西的方家包至大磨盘一带为 17.35~44.90m。其特点是由西向东、自北而南厚度渐增。

图 2-17　宝塔滑坡东部新堰沟中的碎裂岩体

注:此处已被整治为排水工程

图 2-18　宝塔滑坡前缘

注:长江岸边的碎裂岩体

　　下面简要对碎裂岩体再做一些讨论。宝塔滑坡碎裂岩体的岩性主要为砂岩,泥岩次之,与滑床基岩相同。岩层弯曲变形频繁而强烈,裂隙纵横交错,岩石松动。有时成层性较好,但产状多变,有时与稳定基岩相交,有时有与滑床基岩基本一致。因此,稍不注意,极易误判为滑床或稳定基岩。现经过勘探查证,这些碎裂岩体是滑坡堆积物,这在前面的滑坡外形中讨论过。值得注意的是,这些碎裂岩体的钻孔岩心如同破碎基岩一样,因此,区分滑坡碎裂岩体与滑床基岩的主要判据就是岩石上的滑坡擦痕、镜面。

　　(2)滑体土特征。

　　不含碎石块的滑体土的颗粒组成:以黏粒为主,占 27.30%~44.50%,其次为粉粒和砂粒,部分样品含角砾。按粒度分类应属黏土和砂黏土。滑体土的矿物成分:碎屑矿物以石英为主,含少量的长石和砂岩岩屑、泥砾等,偶见白云母、电气石、绿帘石等;黏土矿物以伊利石为主(35%~60%),含少量的高岭石和绿泥石等。

　　滑体土的天然密度较大,在 1.90~2.22g/cm³ 之间。同时,饱和密度(2.01~2.26g/cm³)接近天然密度。天然含水率平均为 16.9%,比塑限(18.2%)小。说明土体在天然状态下结构比较密实,且呈硬塑状。

　　滑体原状土在天然状态下的抗剪强度较高且变化较大,多数样品参数范围:C_r=0.37~1.00kg/cm², φ_r=6°51'~27°55';饱和状态下的强度显著降低,其中, C_r=0.18~0.53kg/cm², φ_r=4°06'~12°57'(表 2-4)。

表2-4

宝塔滑坡滑体物理力学性质

样品编号	类型	名称	物理性质						水理性质			力学性质							
			相对密度	天然密度(g/cm³)	饱和密度(g/cm³)	天然含水率(%)	孔隙度(%)	孔隙比	塑限(%)	液限(%)	塑性指数	天然状态				饱和状态			
												峰值		残余值		峰值		残余值	
												C(kg/cm²)	φ	Cr(kg/cm²)	φr	C(kg/cm²)	φ	Cr(kg/cm²)	φr
NWL-LC5-1	滑体土原状样	含砾石质壤土	2.70	2.11		17.14						0.49	24°56'	0.37	23°45'				
NWL-Ng-7		黄色砂黏土	2.71	2.01	2.06	19.69	38.01	0.61	19.12	35.45	16.33	0.79	26°06'	0.69	25°10'	0.52	14°18'	0.43	12°57'
NWL-LC1-1		紫红色砾质黏土	2.76	2.19		17.23			19.42	31.41	11.99	1.11	33°49'	0.57	34°13'				
NWL-LC2-1		紫红色砾质黏土	2.74	2.03	2.12	21.70			18.56	33.00	14.44	0.25	5°42'	0.17	4°34'				
NWL-LC3-1		紫红色砂质黏土	2.71	2.12	2.09	19.56	32.25	0.56	16.32	33.01	16.69	0.50	18°16'	0.42	14°34'				
NWL-LC3-2		重粉质壤土	2.73	1.98	2.09	16.48	27.47	0.61											
NWL-柚1-1		紫红色砂砾黏土	2.76	2.22	2.26	16.07	20.90	0.44	18.17	30.48	12.31	2.85	28°49'	0.60	27°55'	0.37	33°56'	0.18	10°00'
NWL-柚2-1		紫红色砂质黏土	2.80	2.22	2.26	14.90	31.10	0.45	17.60	26.20	8.60	1.43	23°0'	1.00	20°48'	0.69	12°48'	0.53	10°00'
NWL-柚2-1		紫红色含砾黏土	2.74	2.15	2.20	16.03	32.48	0.48	18.55	33.78	15.23	1.05	14°18'	0.98	6°51'	0.75	8°32'	0.33	10°45'
NWL-柚2-2		紫红色含砂质黏土	2.78	2.14	2.22	16.10	33.80	0.51	17.50	29.00	11.50	1.30	18°00'	0.95	20°00'	0.72	6°31'	0.38	4°06'
NWL-K1-1		紫红色粉质黏土	2.70	2.03	2.08	19.55	24.81	0.59	18.12	30.21	12.09	0.75	5°43'	0.65	4°34'				
NWL-K6-2		紫红色粉质黏土	2.70	2.03	2.09	18.46	24.81	0.58	20.56	36.96	16.40	1.09	15°38'	1.02	12°57'				
NWL-K3-1		紫红色砂质黏土	2.68	1.90	2.01	17.11	29.10	0.65	16.98	25.45	8.47	0.60	12°57'	0.47	9°39'				

3）滑面（带）与滑床

宝塔滑坡发生在侏罗纪系上统蓬莱镇组下段（J_3p^1）砂岩、泥岩互层中。该滑坡体下部是在基岩中沿软弱结构面滑动的，同时载着上覆第四系堆积物随之滑动，因此仍属基岩滑坡。滑面多顺岩层界面发展，基本上是顺层滑坡，其滑动方向与岩层倾向基本一致，为 S5°~13°W，滑面倾角上陡下缓与岩层倾角基本相同，由 21° 渐变为 10° 左右，剪出口高程在 70m 附近，见图 2-19。

图 2-19 宝塔滑坡西部石板沟所见滑带土与滑床基岩接触面上的擦痕

滑面（带）特征十分明显。从滑坡西部（现鸡扒子滑坡）石板沟排水工程开挖的断面观察：这里的宝塔老滑坡土，鸡扒子滑坡时没有遭到破坏。它是由紫红色砂质黏土含砂岩角砾与风化砂岩碎屑组成，厚度 0.2~1.0m，结构致密，天然状态下呈软塑或硬塑状。在滑带土与滑床基岩接触面上（即滑面）保存着清晰的擦痕（图 2-19）。在宝塔滑坡的主体部分东部，即鸡扒子以东的钻孔中，大多揭露有滑带土（表 2-5），厚度范围为 0.10~6.87m，一般多为 1~5m。其岩性主要为紫红色，次为棕黄、紫褐色砂质黏土夹碎石、角砾。砂黏土致密、黏塑性好。一部分钻孔（如 CK_{53}、CK_{55}、CK_{56} 等）在该层中或在基岩顶面有明显的镜面与擦痕（图 2-20）。

宝塔滑坡滑面（带）数据统计表　　　　　　　　表 2-5

孔号	孔深（m）	孔口高程（m）	滑面（带）			滑带土岩性
			埋深（m）	高程（m）	厚度（m）	
CK_{15}	94.34	251.42	77.20	174.22	4.60	紫红色泥岩碎块、碎屑
CK_{45}	36.10	200.29	16.10	184.19	0.67	紫红色黏质砂土
CK_{46}	85.33	125.93	58.30	67.43	0.65	紫红色粉砂质泥岩、砂质黏土
CK_{48}	93.46	191.09	77.89	113.20	3.01	棕红色砂质黏土
CK_{49}	102.28	192.57	93.70	98.87	6.39	紫红色砂质黏土
CK_{50}	100.06	210.30	78.83	131.45	0.10	紫红色砂质黏土
CK_{51}	166.68	214.96	79.20	135.76	5.46	黏质砂土夹碎石
CK_{52}	81.84	220.86	70.87	149.99	6.87	砂质黏土夹碎岩、角砾、碎石
CK_{53}	87.84	239.47	80.92	158.55	0.10	砂质黏土夹碎石、角砾
CK_{54}	102.67	160.69	70.20	90.49	1.20	泥质团块及泥质条带
CK_{55}	90.35	271.82	64.18	207.64	3.04	砂质黏土夹角砾

孔号	孔深（m）	孔口高程（m）	滑面（带）			滑带土岩性
			埋深（m）	高程（m）	厚度（m）	
CK$_{56}$	92.09	264.19	66.81	197.38	1.49	砂质黏土夹块碎石
CK$_{57}$	60.86	227.12	34.15	192.97	3.71	砂质黏土
CK$_{58}$	60.95	317.55	39.21	278.34	0.81	砂质黏土夹碎石
CK$_{59}$	50.21	290.61	28.40	262.21	1.72	砂质黏土含碎石角砾
CK$_{60}$	73.27	297.66	58.72	238.94	0.20	砂质黏土夹碎石
CK$_{61}$	51.03	277.22	34.00	243.22	2.10	黏质砂土、砂质黏土含角砾碎石
CK$_{62}$	50.39	345.03	29.97	315.06	5.75	黏质砂土含碎石、角砾

图2-20 宝塔滑坡CK$_{53}$、CK$_{55}$号孔滑带土和滑床基岩顶面的滑动擦痕

宝塔滑坡的滑床主要由蓬莱镇组下段的第五层（J$_3$p$^{1-5}$）和第三层（J$_3$p$^{1-3}$）长石石英砂岩夹第四层（J$_3$p$^{1-4}$）泥岩组成。由于岩性的差异，滑床（滑面）起伏不平，砂岩凸起，泥岩凹下。滑床埋深以滑坡中、下段最大，为63.18~93.70m，向后缘埋深渐减为28.00~34.40m，直至暴露地表成后壁。

4）滑带土的物质组成及物理力学性质

（1）物质组成。

①颗粒成分。

颗粒成分见表2-6。从表2-6可知，黏粒含量相对较高，占20.0%~45.3%，平均含量约31%；砾粒和粉粒含量也较高，分别为4.45%~43.7%和14.4%~40.0%；砂粒含量为9.20%~39.05%。按粒度定名主要为砾质黏土类，其次为砾质砂黏土（或称砾质重埌土）。

②矿物成分。

矿物成分见表2-7、表2-8。碎屑矿物：以石英为主，占25%~60%；含少量长石、岩屑和砾、砂粒等；偶见白云母、黑云母、绿帘石等。黏土矿物：以伊利石（水云母）为主，占35%~60%；含少量高岭石、绿云母、方解石等。

表 2-6 颗粒成分

样品编号	名称	颗粒含量(%)				水 理 性 质				
		砾粒(>2mm)	砂粒(2~0.05mm)	粉粒(0.05~0.005mm)	黏粒(<0.005mm)	塑限(%)	液限(%)	塑性指数	胶粒(<0.002mm)	活动性指数
NWL-CK52-1	砾质黏土	18.51	21.59	20.50	39.40	13.51	15.07	13.44	26.00	0.52
NWL-CK62-1	砾质重埌土	28.63	19.87	24.50	27.00	13.19	22.08	8.89	19.00	0.47
NWL-CK60-1	粉质黏土		24.00	40.00	36.00	14.87	26.64	11.77	24.50	0.48
NWL-CK61-10	砾质重埌土	43.50	13.60	14.40	28.50	16.08	28.14	12.06	20.50	0.59
NWL-CK58	砾质黏土	37.40	9.20	22.40	31.00	16.01	27.76	11.75	22.50	0.52
NWL-CK45	砂质重埌土	24.45	39.05	21.50	23.00	13.40	25.40	12.00	16.00	0.75
NWL-CK51-1	砾质重埌土	36.31	26.19	15.00	22.50	14.31	23.13	8.81	15.00	0.59
NWL-CK53-7	砾质黏土	43.70	11.80	18.20	26.30	13.90	24.47	10.57	18.00	0.59
NWL-CK55-2	砾质黏土	34.87	16.63	17.00	31.50	15.59	28.42	12.83	21.80	0.59
NWL-CK57-5	砾粉质重埌土	40.50	16.00	23.50	20.00	13.79	24.70	10.91	13.20	0.83
NWL-CK48-2	黏土		34.50	24.50	41.00	13.14	25.33	12.19	26.70	0.46
NWL-CK49	含砾黏土	4.45	22.05	28.20	45.30	15.55	26.57	11.02	29.50	0.37

宝塔滑坡带土矿物成分（差热分析）　　　　　　　　　表 2-7

样品编号	名称	矿物含量					
		伊利石	绿泥石	高岭石	方解石	石英	长石
NWL-CK15	砂质黏土	主	多	少			
NWL-CK46	砾质黏土	主	多	少		少	
NWL-CK62	砾质埌土	主	多	少		少	
NWL-CK45	砾质埌土	主		多		少	少
NWL-CK48	黏土	主		多		微	少
NWL-CK52	砂质黏土	主		多			少
NWL-CK59	砂质黏土	主		多		少	少
NWL-9-差	黏土	主	少	少		少	
NWL-10-差	粉质黏土	主	少	少		少	

宝塔滑坡滑带土矿物成分（岩矿鉴定）　　　　　　　　表 2-8

样品编号	鉴定名称	采样地点及部位	矿物成分		镜下特征
			碎屑矿物	基质	
NWL-9-鉴（上）	水云母聚集含少量砾黏土	石板沟新开排水沟 -6m	石英:25%~30% 泥岩屑(主)；长石:微量,粉砂岩屑（次）；绿帘石:偶见,灰岩屑（少）；白云母:偶见,硅质岩屑（微）；前三种 < 10%	水云母:55%~60%；绿泥石:微量	不等粒定向条带式结构（见部分长石碎屑矿物平行水云母定向排列）
NWL-9-鉴（上）	水云母聚集粉质黏土	石板沟新开排水沟 -7m	石英:45%~50%,绿帘石等偶见；长石:少量,灰岩屑(主)；白云母:偶见,砂岩屑（次）；黑云母:偶见,硅质岩屑(少),后三种 < 5%	水云母: > 45%；绿泥石:少量;高岭石:少量	等粒定向条带式结构
NWL-6	水云母聚集砾质粉质黏土	石板沟新开排水沟 -6m	石英:30% 左右,泥砾(多)；长石:少量,粉砂岩屑（次）；白云母:微量,硅质岩屑(偶)；电气石等,偶见;前三种 15% 左右	水云母:35% 左右;绢云母:少量;高岭石:约 5%;绿泥石:少量;方解石:10% 左右	砾石呈次棱~次圆状不等粒定向条带式,定向性好局部见晶粒大且明亮地次生方解石
NWL-8鉴（上）	水云母聚集砾质黏土	石板沟新开排水沟 -7m	石英:25%~30% 灰岩屑;长石:少量,泥岩屑,黑云母:偶见,粉砂岩屑,白云母:偶见,绿帘石等:偶见;前三种约 20%	水云母:35%~40%; 高岭石:约 5%;绿泥石:少量;方解石:5%~10%;氧化铁:少量	不等粒定向条带式结构,部分长形碎屑矿物平行鳞片状水云母定向排列

样品编号	鉴定名称	采样地点及部位	矿物成分		镜下特征
			碎屑矿物	基质	
NWL-CK48-4	含钙水云母黏土岩	CK48孔 76.3~77.90m	石英：约60%，砾石8%~9%；长石：约10%，砂屑约28%；锆石：微，粉砂约1%；绿帘石：微；云母：少	水云母：55%左右；方解石：6%~7%；铁质：1%~2%	极细的鳞片状，有定向性，一般为圆状，分选不好

③化学成分。

滑带土的化学成分是以 SiO_2 为主，平均含量约64%；其次是 Al_2O_3，平均含量13.4%；铁、镁、钙和钾钠氧化物的含量较少（表2-9）。

宝塔滑坡滑带土化学成分　　表2-9

样品编号	名称	氧化物含量(%)							
		SiO_2	Al_2O_3	FeO	Fe_2O_3	MgO	CaO	K_2O	Na_2O
NWL-5	滑带、砂黏土	57.86	14.13	0.26	5.52	2.41	4.24	3.05	0.95
NWL-9	滑带、砂黏土	67.24	13.44	0.14	5.36	1.60	0.89	2.20	1.15
NWL-10	滑带、砂黏土	66.80	12.68	0.37	5.19	1.72	1.95	2.30	1.50

滑带土中小于0.005mm的黏粒的化学成分（表2-10）：SiO_2 含量48.58%~49.41%；Al_2O_3 含量20.10%~21.54%；Fe_2O_3 含量7.72%~10.27%；K_2O 含量3.7%~4.8%；其他元素的氧化物含量低。硅铝率为3.01~3.24，从硅铝率看，滑带土黏粒的矿物成分应以伊利石为主。

宝塔滑坡滑带土黏粒化学成分　　表2-10

样品编号	野外定名	氧化物含量(%)									硅铝率
		SiO_2	Al_2O_3	Fe_2O_3	FeO	MgO	CaO	K_2O	Na_2O	TiO_2	SiO_2/R_2O_3
NWL-5	紫红色砂黏土	49.30	21.54	9.55	0.22	2.70	1.30	3.73	0.16	0.89	3.03
NWL-6	紫红色砂黏土	49.41	20.10	7.79	0.50	3.34	3.12	4.83	0.15	0.67	3.34
NWL-9-鉴	紫红色砂黏土	49.34	20.82	9.98	0.33	2.91	1.30	3.85	0.18	0.83	3.09
NWL-10-鉴（上）	黄色砂黏土	48.58	20.94	10.27	0.32	3.05	1.35	3.86	0.25	0.86	3.01
NWL-10-鉴（下）	黄色砂黏土	49.25	20.45	7.72	0.53	3.20	2.55	4.47	0.26	0.64	3.29

滑带土的分析资料还表明：土中有机质总含量为0.04%左右；难溶盐含量较高，占10.8%~15.0%；中溶盐和各类易溶盐含量很小。

（2）物理力学性质。

宝塔滑坡滑带原状土实验可知（表2-11），其天然密度2.07~2.18g/cm³，与饱和密度（2.11~2.16g/cm³）接近；孔隙比 0.44~0.58；天然含水率（15.5%~20.3%）与塑限（16.10%~20.15%）近似。上述特征表明,滑带土在天然状态下结构比较密实,呈软塑状。原状土的液限在 30% 左右,而扰动土的液限约为 25%（表 2-6）；塑性指数多在 10~14,都小于 17,所以属中塑性的砂黏土(即亚黏土或埌土)类。滑带土的活动性指数一般为 0.5~0.6,有的为 0.75~0.83（表 2-6）。这说明土中次生黏土矿物除高岭石外,还有伊利石(活动性指数大于 0.75),因此,宝塔老滑带土具有活动性,失水易收,遇水易膨胀,从而导致基质软化,降低土的力学强度。

宝塔滑坡滑带原状土物理和水理性质　表 2-11

样品编号	名称	物理性质						水理性质		
		相对密度	天然密度（g/cm³）	饱和密度（g/cm³）	天然含水率（%）	孔隙度（%）	孔隙比	塑限（%）	液限（%）	塑性指数
NWL-!（1）	紫红色砂黏土	2.75	2.09	2.13	19.03	36.00	0.570	17.35	29.46	12.11
NWL-2（2）	紫红色砂黏土	2.76	2.09	2.12	20.10	37.00	0.586	18.50	29.90	11.40
NWL-7-1	紫红色砂黏土	2.70	2.10	2.12	18.94	34.44	0.530	20.15	34.74	14.59
NWL-7-2	紫红色砂黏土	2.76	2.07	2.14	16.20	35.50	0.551	18.10	29.40	11.30
NWL-7-4	紫红色砂黏土	2.68	2.07	2.11	18.10	34.00	0.510	18.90	31.50	12.00
NWL-9-1	含角砾砂黏土	2.73	2.18		16.84	31.50	0.460	18.75	31.52	12.77
NWL-9-2	紫红色砂黏土	2.76	2.11	2.13	20.30	36.20	0.568	18.30	30.80	12.50
NWL-9-（4）	含角砾砂黏土	2.71	2.18	2.16	15.50	30.00	0.440	16.10	30.20	14.10
ＮＷＬ-10-物力	黄色砂黏土	2.72	2.10	2.14	18.90	34.93	0.540	17.68	29.87	12.19

滑带土的抗剪强度较高,但随含水率的增大而显著降低。从石板沟采取宝塔老滑带原状土的试验:在天然含水率（15.5% ~20.3%）时,其多组样品平均值 C_f=0.66kg/cm², φ_f=19°19'；C_r=0.50 kg/cm², φ_r=16°18'。当饱和含水率时 C_f=0.45 kg/cm², φ_f=15°29'；C_r=0.33 kg/cm², φ_r=10°39'。饱和状态比天然状态 C_r 降低 34%, φ_r 降低 34.7%。在钻孔中采取滑带扰动样做重塑土试验；塑限（塑限含水率平均 14.54%）抗剪强度较高, 15 组样品的平均值 C_f=0.85 kg/cm², φ_f=18°24'；

C_f=0.71 kg/cm^2，φ_r=16°16'。而似塑限（液限含水率平均 26.10%）固结快剪黏聚力降得很快，C_f=0.13 kg/cm^2、C_r=0.098 kg/cm^2，峰值和残余值平均比似塑限分别降低 84.7% 和 86.2%；而摩擦角降低较少，其中平均 φ_f=17°50'，φ_r=15°45'，峰值和残余值平均比似塑限分别降低 0°34' 和 0°31'。

5）滑坡内的地下水

已如前述，该滑坡滑体的结构大致可分为三层。表层为砂质黏土夹钙质结核，结构密实，透水性十分微弱。在无裂隙的地段做试坑注水试验，其渗透系数为 0~0.0028m/d（表 2-12）；第二层为砂质黏土夹块碎石，其透水性十分微弱，渗透系数为 0.00078m/d。因此，上述砂质黏土层均可视为隔水层。第三层为砂岩泥岩碎裂岩体，裂隙及空隙发育，但因接受降雨补给条件差，加之受深切的长江排泄基准面的控制，地下水力坡度大，径流途径短，排泄迅速，因而含水性微弱，仅在大河沟右岸，于该层下部出露一处泉水，流量 0.1L/s，另有一片湿地，渗流水量微弱。滑床基岩为砂岩，裂隙发育较弱，加之补给条件差，因而基本不含水。

试坑注水试验一览表　　　　　　　　　表 2-12

滑坡名称	编号	位置	坑口高程（m）	试验层岩性	稳定时间（h）	渗透系数（m/d）	试验日期（年.月.日）
鸡扒子滑坡	K$_{15}$	瓦家包	250.44	砂质黏土	2	0.00117	1983.4.20
	K$_{16}$	檀树湾	238.62	砂质黏土	2	0	1983.4.21
	K$_{17}$	石板沟	232.26	砂质黏土	2	0.00489	1983.4.21
宝塔滑坡	K$_{14}$	方家包	307.32	砂质黏土	2	0.0028	1983.4.19
	K$_{18}$	石板沟	224.16	砂质黏土	2	0	1983.4.22
	K$_1$	永华包	232.95	紫红砂黏土	2	0.00039	1983.5.18
	K$_2$	磷肥厂	197.73	黄色粉砂质黏土	2	0.000343	1983.5.25
	K$_3$	方坪		紫红砂黏土	2.5	0.000783	1983.5.19
	K$_6$	宝塔	259.24	紫红砂黏土	3	0	1983.5.14
桐子林滑坡	K$_5$	桐子林	413.96	紫红砂黏土	2	0.000147	1983.5.10
	K$_4$	杨家淌	417.42	紫红砂质黏土	2.5	0.000098	1983.5.7

滑坡中地下水位埋深较大，多在滑带附近或略高于滑带。钻孔涌水量为 0.00025~0.39L/s（表 2-13），有些钻孔甚至无水。其中，近前缘和近大河沟的 49、50、54 号涌水量稍大，分别为 0.119L/s、0.13L/s、0.125L/s；而靠近长江边的 36 号孔，主要由碎裂岩体和砂卵石组成，孔隙性好，抽水不能降低水位。地下水类型大部分属硅碳酸钙和硅碳酸钙、镁型，个别钻孔为硅碳酸氯钙和氯钠型等。矿化度多小于 0.4g/L，pH 值 7.1~8.7，水温 20℃ 左右。

宝塔滑坡钻孔水文地质数据表　　　　　表 2-13

钻孔编号	孔口高程(m)	滑带深度(m)	静止水位埋深(m)	孔深(m)	抽水试验		
					试验段深度(m)	降深(m)	涌水量(L/s)
CK$_{15}$	251.42	72.60	74.43	94.34	74.43~94.34		0.00025
CK$_{45}$	200.29	16.10	35.00	36.11			无水
CK$_{48}$	191.09	77.89	72.36	93.46	72.36~93.46		0.01583
CK$_{49}$	192.57	93.70	78.00	102.28	78.00~102.28	0.4	0.119
CK$_{50}$	210.30	78.83	75.40	100.06	75.40~100.06	1.55	0.13
CK$_{51}$	214.96	79.20	50.15	166.68			
CK$_{52}$	220.86	70.87	62.18	81.81		3.91	无水
CK$_{53}$	239.47	92.00	70.16	87.84		8.4	0.001
CK$_{54}$	160.69	70.20	45.01	102.67	45.01~102.67	6.15	0.125
CK$_{55}$	271.82	64.18	52.10	90.35	52.10~90.35	2.2	0.042
CK$_{56}$	264.19	66.81		92.09			无水
CK$_{57}$	227.12	34.15	58.31	60.86			无水
CK$_{58}$	317.55	39.21	11.63	60.95	11.63~60.95	3.99	0.39
CK$_{59}$	290.61	28.40	15.08	50.21	15.08~50.21	8.03	0.012
CK$_{60}$	297.66	58.72	63.57	73.27			
CK$_{61}$	277.22	34.00	19.60	51.03	19.60~51.03	1.4	0.002
CK$_{62}$	345.03	29.97	22.08	50.39	22.08~50.39	2.6	0.00334

　　从以上所述可以看出,宝塔滑坡中地下水位埋藏深,水量微弱,水文地质条件比较简单。

2.2.3　鸡扒子滑坡特征

　　1982 年 7 月,长江北岸发生鸡扒子滑坡,由于它处于拟建中的三峡工程库区,对长江航运产生严重威胁,与国民经济关系密切,而为人们所瞩目。几年以来,通过地质调查、工程地质勘探试验和滑坡整体工作,对鸡扒子滑坡的特征有了较深入的认识,不少专家、学者做过一些有关论述。这里,根据对该滑坡进行勘探取得的资料,就鸡扒子滑坡的特征做如下讨论。

　　因为鸡扒子滑坡是宝塔滑坡的部分复活,所以首先需要简要阐述一下滑坡复活的原因。据调查,1982 年 7 月暴雨期间,宝塔滑坡西侧上部的桐子林滑坡残体饱水失稳后滑入了石板沟(这是宝塔滑坡体上的主要排水沟谷),塌滑体堵塞了沟床(高程为 254m),致使天然排水失效,大量地表渗流渗入宝塔滑坡西侧上部滑体,在强大的孔隙水压力作用下,宝塔老滑坡部分复活。这不是题外话,因为它能帮助我们更好地分析和理解下面将要讨论的鸡扒子滑坡特征。

1)滑坡外形

鸡扒子滑坡位于宝塔滑坡的西部,滑坡面积为 0.774km²,约占宝塔滑坡面积的 2/5。滑坡体积 1500 万 m³。滑坡后壁走向近东西,大约长 350m;其西侧壁长约 1.4 km;东侧壁扭转多变,长约 1.6 km。总滑体形态为上窄(240~360m),下宽(700~750m),形似扫帚状的纵长形(图 2-7)。滑坡地面由后缘高程 380m 左右,降至前缘长江岸边海拔高程 70~80m。构成一个高差近 300m 的复式斜坡,总体坡度 15° 左右,与岩层倾角基本一致。

滑坡后壁由紫红色粉砂质泥岩构成,高 60~80m(图 2-21)。滑壁走向近东西,长 350m,倾向南,坡度 25°~30°,与岩层倾角近于一致。后壁上覆盖的老滑体载着房屋一起下滑,坠入后缘陷落带中,陷落带高程 300 余米,曾积水呈湖,滑坡后壁基岩裸露,在泥岩层面上可清楚地看到滑坡擦痕,其方向为 S30°W。后壁顶部悬挂着桐子林滑坡残体,农舍破坏严重。

滑坡东侧壁多直立,由宝塔老滑坡未动体的砂黏土、块碎石和砂岩泥层状碎裂岩体组成,高 20~40m(图 2-22)。

图 2-21　鸡扒子滑坡后壁　　　　　　图 2-22　鸡扒子滑坡东侧壁

滑坡西侧壁位于原石板沟西侧,宝塔老滑坡表层砂黏土层被刨蚀,形成 10m 左右的陡壁。

关于滑坡前缘:滑坡发生时正值长江洪水期(水位高程 122m),因此,真正的前缘是在洪水位以下。由于洪水的影响,前缘要素的标志不易辨认。据调查,滑坡时约有 230 万 m³ 滑体连同建筑物(如冷冻厂等)一起,在原江边高 30~40m 的陡坎处脱离基岩滑床,被推入洪水中(图 2-23)。从勘探资料分析可知,滑体入水后,在剩余推力作用下沿原河床砂卵石层继续向前滑动,最后在河床临空剪出,致使大量的滑坡堆积物填入河槽,甚至推向南岸,河槽填高 30 余米,形成了三道水埂,出现了 700 余米长的急流险滩。因此,鸡扒子滑坡的主要堆积区在河槽。至于漫滩部位,由于滑坡堆积,使长江枯水岸线外推了 50 多米,但根据对滑坡后地形分析可知,有些地段其滑后地形反低于滑前,这只能说明漫滩部位原先的堆积物已被新的取代,而不是滑坡前缘堆积区。

图 2-23　鸡扒子滑坡前缘被推入长江洪水中

通过以上讨论,不难看出,鸡扒子滑坡的真正前缘应是长江河槽。

整个滑坡地面形态特征受变形破坏机制影响,中部、东部和西部存在明显的差异。

滑坡中部:总体形态隆起成脊状 (图 2-24),由上向下逐级错落,呈现四级台阶,台面分别高出长江枯水位 (以 85m 计) 55 ～ 65m、75 ～ 85m、135 ～ 145m、155 ～ 165m。其中一、二级台面相对高差仅 10m,三、四级亦然;而二、三级之间相对高差却达 60m。说明滑体运动速度存在差异。从二级台阶上的农舍在随滑体滑移之后仍保存完好的现象可以看出(图 2-25),在滑坡滑动中难有先例,但滑动深度较大,整体性较好。各级台面起伏不平,前缘凸出,地面向前缓倾,岩体多顺坡向滑移。台阶后部均发育有长数十米至百余米的拉张裂缝,土体陷落,岩体和树木相向倾斜(图 2-26)。

图 2-24　鸡扒子滑坡中部全貌

图 2-25　鸡扒子滑坡中部二级台面上保留下来的
房屋

图 2-26　鸡扒子滑坡中部一级平台后缘的拉裂带
和"醉林"

滑坡东部：总体形态呈梯状斜坡（图 2-27），坡度 15°~20°。地面坎坷，梁槽相间，仍显示四级台阶，分别高出长江枯水位 45m、55m、85m、115m。台面窄长，宽 20~30m。各级之间以斜坡相连。台阶后部的拉张裂隙及由此而形成的陷落缝、槽沟或长条形洼地，有的曾积水呈湖（图 2-28）。鸟瞰滑坡东部特征，以其台阶和拉裂缝向北西散开（与中部相接），南东收敛（与东侧壁相交），而别具一格（图 2-7）。

图 2-27　鸡扒子滑坡东区全貌

图 2-28　台阶后部拉张裂缝及槽沟

据滑坡中部和东部地物位移向量调查资料显示（图 2-29）：中部，自上而下滑移方向由南南西转为南西和正南，水平位移上段大，为 142~169m；中段小，为 20~95m；下段冷冻厂等被推入洪水位以下，位移增大，达 108~190m。而滑坡东部滑距较小，上段 100 余米，下段一般仅数十米。

值得注意的是，无论滑坡中部和东部，滑体和建筑物残体及"醉林"，普遍向前倾斜（图 2-30~图 2-32）。这说明滑坡体表层和深部运动速度可能不同。

滑坡西部：沿原石板沟及其两侧饱水土体发生塑性流动，呈泥石流。流体厚度为几米至十余米，总量达 33 万 m^3。泥石流起自石板沟上部 1982 年 7 月被堵积水处溃决，土体饱水后，自上而下流动，破坏力极大，石板沟及其两侧原地形遭到改造，表层土体被刨蚀,沿途建筑物被摧毁,无一保留。房屋残体及树木,皆向前倾斜,沿沟水平位移量为 150~209m,两侧 67~117m。但塑流体的影响深度一般尚未涉及宝塔老滑坡深部滑体。塑流体出口时,剪断了横跨石板沟的街道(图 2-33)并将其带入长江江床。

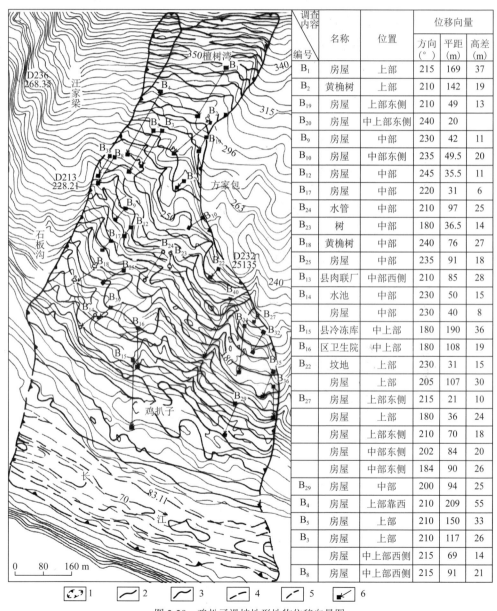

调查内容 编号	名称	位置	位移向量		
			方向(°)	平距(m)	高差(m)
B₁	房屋	上部	215	169	37
B₂	黄桷树	上部	210	142	19
B₁₉	房屋	上部东侧	210	49	13
B₂₀	房屋	中上部东侧	240	20	
B₉	房屋	中部	230	42	11
B₁₀	房屋	中部东侧	235	49.5	20
B₁₂	房屋	中部	245	35.5	11
B₁₇	房屋	中部	220	31	6
B₂₄	水管	中部	210	97	25
B₂₃	树	中部	180	36.5	14
B₁₈	黄桷树	中部	240	76	27
B₂₅	房屋	中部	235	91	18
B₁₃	县肉联厂	中部西侧	210	85	28
B₁₄	水池	中部	230	50	15
	房屋	中部	230	40	8
B₁₅	县冷冻库	中上部	180	190	36
B₁₆	区卫生院	中上部	180	108	19
B₂₂	坟地	上部	230	31	15
	房屋	上部	205	107	30
B₂₇	房屋	上部东侧	215	21	10
	房屋	上部	180	36	24
	房屋	上部东侧	210	70	18
	房屋	中部东侧	202	84	20
	房屋	中部东侧	184	90	26
B₂₉	房屋	中部	200	94	25
B₄	房屋	上部靠西	210	209	55
B₅	房屋	上部	210	150	33
B₃	房屋	上部	210	117	26
	房屋	中上部西侧	215	69	14
B₈	房屋	中上部西侧	215	91	21

图 2-29　鸡扒子滑坡地形地物位移向量图

图2-30 鸡扒子滑坡中下部冷冻库水塔滑移前倾(右为长江)

图2-31 鸡扒子滑坡东下部"醉林"前倾(右为长江)

图2-32 鸡扒子滑坡东部碎裂岩体前倾(前为长江)

图2-33 鸡扒子滑坡西部石板沟街道被泥石流摧毁

2)滑体结构、物质组成及物理力学性质

首先指出:由于鸡扒子滑坡是在宝塔老滑坡基础上复活的,而且复活的滑体基本上迁或沿袭老滑床滑动,很少翻滚,整体性较好。因此,鸡扒子滑坡的滑体结构、物质组成(包括以后将要讨论的滑带、滑床)均与宝塔老滑坡基本相同。为节约篇幅,凡在上面(宝塔滑坡特征)有关章节中已经讨论的内容不再赘述。

(1)滑体结构。

据地面调查与勘探揭露,鸡扒子滑坡的滑体岩性结构与宝塔老滑坡相同,自上而下大致可分为三层:

①黄、灰黄色砂质黏土夹灰白色钙质结构:分布高程 140~280m,上薄(2~5m)下厚(11~13m)。滑坡之前除沟切割外,一般分布比较连续;滑坡之后局部鲜体与上覆层混杂。石板沟一带多被刨蚀,少许伏于塑流体之下。

②暗紫红色、灰紫色的砂质黏土或黏质砂土夹砂、泥岩块、碎石:分布十分广泛,是滑体的主要层位。滑坡中部,上厚(20m 左右)下薄(2.7~7.0m);滑坡东部,上薄下厚;滑坡西部,本层属于塑流堆积体,在黏质砂土夹块、碎石中见有瓦砾及植物残骸,结构疏松,厚 5~10m。

③砂岩、泥岩层状碎裂岩体:主要分布在滑坡下部及前缘,具层状构造,产状隐约可见。在滑坡中部其走向与宝塔滑坡的碎裂岩体相比变化不大;而东部多数走向为 NW-NNW,与宝塔滑坡的碎裂岩走向呈锐角相交,有的倾向北东,倾角 20°~50°,有的倾南西,倾角达 70°~80°。在滑坡中部和东部厚 3~42m;在滑坡西部无本层分布;在滑坡前缘,以原河漫滩至江床,碎裂岩体中夹碎石块和黏砂土并夹砂砾石层,总厚 14~77m(由西向东,自上而下增厚)。其前缘碎裂岩体产状多为走向 NNW,倾东或北东,倾角 10°~40°,其中所夹砂卵砾石层厚 0.48~2.74m,最后可达 17.77m(CK$_{26}$孔)。若以钻孔首次揭露砂、砾卵石层顶面高程计,最高为83.18m(CK$_4$孔);最低为 70.78m(CK$_1$孔)。而且西高东低,北高南低规律。据钻孔岩心观察,在 2、4、20、26 等孔中首次揭露的砂卵石顶面多见有砂黏土,高程在 70~80m,可见为滑带土。据此认为从这一高程以上的碎裂岩体是鸡扒子滑坡堆积物,以下是江床砂卵石和原岸坡崩积块碎石或宝塔老滑坡残体。这一事实进一步说明,鸡扒子滑坡在脱离基岩滑床后,沿着江床砂卵石层继续滑移,直至江槽剪出。

(2)滑体土物质组成。

粒度成分:以黏粒和粉粒为主,含量分别为 24%~49% 和 27.7%~45%,平均含量分别为 36.6% 和 39.3%;砂砾含量较少,占 17.37%;少数样品含角砾(表 2-14)。

按粒度成分定名是以黏土和粉质黏土为主,次为粉质、粒质砂黏土。矿物成分:黏土矿物以伊利石为主,另有绿泥石、高岭石等;碎屑矿物以石类为主,含少量长石。偶见白云母、黑云母和岩屑等。

鸡扒子滑坡滑体土颗粒成分 表 2-14

样品编号	名称	百分含量(%)			
		砾 (>2mm)	砂粒 (0.06~2mm)	粉粒 (0.005~0.05mm)	黏粒 (<0.0005mm)
NWL-Ng-1	黏土		14.5	40.5	45.0
NWL-Ng-2	粉质黏土		21.5	45.0	35.5
NWL-Ng-3	粉质重埌土		26.0	45.0	29.0
NWL-Ng-5	粉质黏土		19.0	42.5	38.5
NWL-Ng-6	含砾黏土	11.35	15.65	36.5	36.5
NWL-4(2)	黏土		13.06	42.9	43.9
NWL-4(4)	黏土		12.00	39.0	49.0
NWL-CK$_{13}$-2	砾粉质重埌土	30.70	15.30	30.0	24.0
NWL-2-(1)	粉质黏土		17.61	43.8	37.7
NWL-W-1	砾粉质重埌土	26.4	19.10	27.70	26.8

(3)滑体物理力学性质。

鸡扒子滑块滑体物理力学性质见表 2-15。滑体原状土样的天然密度较大,在 1.78~2.06g/cm³ 之间,与饱和密度(2.03~2.10g/cm³)比较接近,而孔隙比不高(0.56~0.69),说明土体在天然状态下的结构是比较密实的。土的天然含水率(12.08%~21.40%)接近塑限(16.36%~18.52%),所以土体呈固态或硬塑状。

滑体原状土的抗剪强度在天然状态下较高,C_f=0.53~0.80 kg/cm²,φ_f=23°45'~33°25',C_r=0.44~0.71kg/cm²,φ_r=19°17'~30°32'。在饱和状态下强度降低,其中 C_f=0.36~0.52kg/cm²,φ_f=12°24~30°07',C_r=0.27~0.43kg/cm²,φ_r=11°52'~27°28'。这是由于土的亲水性较强,遇水膨胀软化,含水率越高,强度越低。

鸡扒子滑坡滑体物理力学性质　表 2-15

样品编号			NWL-Ng-1	NWL-Ng-2	NWL-Ng-3	NWL-Ng-4	NWL-Ng-5	NWL-Ng-6
类型			滑体原状					
名称			黄色砂黏土	黄色砂黏土	黄色砂黏土	黄色重粉质黏土	黄色砂黏土	黄色泥质粉质黏土
物理性质	相对密度		2.72	2.72	2.74	2.74	2.74	2.73
	天然密度(g/cm³)		2.06	1.99	1.95	1.78	1.94	2.03
	饱和密度(g/cm³)		2.10	2.06	2.06	2.05	2.03	2.06
	天然含水率(%)		18.52	17.24	15.75	12.08	19.47	21.40
	孔隙度(%)		30.03	37.50	38.69		40.88	38.73
	孔隙比		0.56	0.60	0.63		0.69	0.63
水理性质	塑限(%)		18.52	18.02	17.86	16.36	16.62	18.00
	液限(%)		35.88	32.78	27.89	26.41	30.80	31.92
	塑性指数		17.36	14.76	10.03	10.05	14.18	13.92
力学性质	天然状态	峰值 C_f (kg/cm²)	0.79	0.8	0.73	0.53	0.55	
		峰值 φ_f	30°32'	27°42'	33°25'	28°09'	23°45'	
		残余值 C_r (kg/cm²)	0.70	0.71	0.68	0.44	0.48	
		残余值 C_r	29°41'	23°9'	30°32'	27°55'	19°17'	
	饱和状态	峰值 C_f (kg/cm²)	0.4	0.47	0.52	0.38	0.36	
		峰值 φ_f	30°7'	12°24'	24°14'	13°46'	17°13'	
		残余值 C_r (kg/cm²)	0.28	0.37	0.43	0.31	0.27	
		残余值 φ_r	27°28'	12°24'	23°45'	11°52'	16°10'	

3）滑面（带）与滑床

在前面讨论滑坡特征的时候，已经论述了鸡扒子滑坡可分为中部、东部和西部。中部和东部：是滑坡的主体部分，滑坡复活时新的滑体基本上沿宝塔老滑面滑动。滑面倾角 S15°W，倾角上陡下缓，由上部的 17°左右，渐变为中下部的 10°左右，至前缘减缓为 8°左右，整个滑面呈舒缓的弧形，无突然隆起或突然下跌现象（图 2-34）。由图 2-34 看出：自上而下，滑体沿基岩顶面（滑面）向长江江床滑动，在原江边陡坎（高程 112~115m）脱离基岩滑床，沿原江床砂砾石层滑动，直到高程 70~80m 的江槽空面剪出。滑面埋深除江床较浅外，一般 20~50m 最深可达

— 45 —

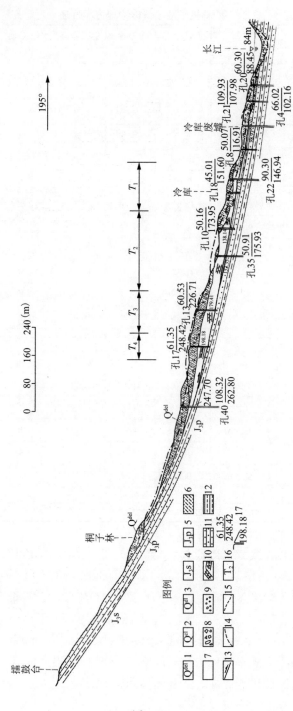

图 2-34　鸡扒子滑坡 1-1′纵剖面图（单位：m）

60.72m 由中部向东部加深。西部（石板沟及其两侧）：主要表现为表层土体的塑性流动与物质堆积，未涉及宝塔老滑坡深部滑体和老滑带。

据钻孔揭露，滑面上普遍存在滑带土，厚度 0.5~6.78m。其岩性多为紫红色砂黏土夹角砾与碎石（表 2-16）。结构致密，天然状态下呈软塑或硬塑状。部分钻孔（如 7、28、35 号孔）见有明显的滑坡痕迹。在前缘地带，滑坡沿着原长江江床砂卵石层滑动，滑带土为砂质黏土夹砂卵石。

鸡扒子滑坡钻孔滑面（带）数据统计表　　　　表 2-16

孔号	孔深（m）	孔口高程（m）	滑面（带）			滑带土岩性
			埋深（m）	高程（m）	厚度（m）	
CK₁	60.42	88.68	17.90	70.78	4.68	砂卵砾石混杂
CK₂	60.02	94.67	22.18	72.49		
CK₃	50.11	97.62	31.09	66.53	0.79	砂黏土夹碎石，碎石磨光面明显
CK₄	66.02	102.16	18.98	83.18	0.48	碎石、砂卵砾石混杂
CK₅	60.72	120.94	19.34	101.60	2.64	砂黏土夹碎石，底部碎石呈浑圆、扁平状
CK₇	37.89	150.01	37.74	115.27		
CK₈	50.07	116.91	13.99	102.92		
CK₉	60.22	174.08	48.00	126.08		
CK₁₀	50.16	173.95	35.81	138.14		
CK₁₁	31.58	149.43	9.55	139.88	2.67	暗紫红色砂黏土夹角砾
CK₁₂	62.32	206.71	51.60	155.11	6.78	暗紫红色砂黏土夹角砾
CK₁₃	60.53	226.71	47.30	179.41	0.35	暗紫红色砂黏土夹角砾，中下部夹砂岩块石
CK₁₄	36.85	202.90	24.78	178.12	4.18	暗紫红色砂黏土夹角砾
CK₁₆	45.17	177.69	27.64	150.03	0.82	暗灰色砂黏土夹角砾
CK₁₇	61.35	248.42	50.24	198.16		
CK₁₈	45.01	151.60	28.57	123.03	0.50	暗紫色、暗紫灰色，黏土夹角砾
CK₁₉	51.01	93.60	8.10	85.51		
CK₂₀	60.30	88.45	6.10	82.35	0.63	棕红色砂质黏土含卵砂石
CK₂₁	109.73	107.98	18.05	89.93		
CK₂₂	90.31	146.94	28.96	117.98		砂卵石夹砂黏土
CK₂₃	60.48	87.08	12.84	72.04	2.10	紫红色砂质黏土夹碎石
CK₂₄	79.43	117.99	21.98	96.01	3.16	浅褐黄色砂质黏土夹角砾
CK₂₅	88.84	134.88	28.94	105.94	2.04	浅棕色砂质黏土夹碎石
CK₂₆	80.08	86.65	15.52	69.85	1.28	卵砾石夹砂黏土
CK₂₇	71.50	118.23	33.72	84.51		

续上表

孔号	孔深(m)	孔口高程(m)	滑面(带)			滑带土岩性
			埋深(m)	高程(m)	厚度(m)	
CK$_{28}$	90.05	133.72	35.55	98.17		
CK$_{29}$	94.43	93.41	28.02	65.39	1.60	砂卵砾石夹黏砂土
CK$_{30}$	80.03	117.04	28.49	89.41	0.91	黄褐色砂质黏土
CK$_{31}$	80.36	138.45	41.86	96.59	2.20	灰褐色砂质、碎、块石土
CK$_{32}$	80.85	177.04	60.72	116.32		
CK$_{33}$	50.21	159.51	28.70	130.81		
CK$_{34}$	45.25	158.31	10.24	148.07	2.30	浅紫灰色黏质砂土夹碎石
CK$_{35}$	50.91	175.93	22.58	153.35	1.07	褐黄色砂质黏土夹碎石
CK$_{37}$	45.59	188.20	26.47	161.73	4.95	暗紫红色砂质黏土
CK$_{38}$	58.22	218.58	35.36	183.32	0.66	紫红色砂质黏土及碎石
CK$_{39}$	51.34	225.21	21.98	203.23		
CK$_{40}$	108.32	262.80	15.10	247.70		

就滑床而言,上中下部由蓬莱镇组第五层(J_3p^{1-5})长石夹砂岩和第六层(J_3p^{1-6})泥岩组成,倾向南,倾角比滑面陡,由上部的28°渐变为下部的10°左右。而滑坡前部的滑度为江床砂卵石层、岸坡崩坡积或宝塔老滑坡堆积物的碎块石夹砂质黏土。

尚须考虑的是:鸡扒子滑坡是否存在深层滑动面?这实际上就是需要回答在滑床砂岩、泥岩互层中是否存在构成滑移面的泥化夹层。这个问题,在前面讨论滑坡地质背景的时候已做阐明。这里再做简要说明:据钻孔资料显示,在滑床稳定基岩37m深度以内(指钻孔实际达到深度),于滑坡前缘的20、21号等孔中发现有0.09～0.35m厚的泥化夹层,但其分布高程和层位均不连续。据此判断,这里的泥化夹层尚未形成面状的滑动软弱面。因此鸡扒子滑坡不存在深层滑动面。

4)滑带土的物质组成及物理力学性质

(1)物质组成。

①颗粒成分(表2-17)。

滑带土的颗粒级配比较复杂,不同粒径的成分在所有样品中都有一定含量。其含量百分比的平均值以黏粒为多,占33.73%;其次为粉粒,占32.96%;角砾占27.73%;砂砾较少,占15.69%。属砾质和砾粉质砂黏土,砾质黏土较少。

②矿物成分。

碎屑矿物以粉砂岩屑和石英(含量20%~50%)为主,次为泥岩屑及长石,其他矿物偶见。黏土矿物以伊利石为主,另有绿泥石、高岭石等(表2-18)。

鸡扒子滑坡滑带土颗粒成分　　　　　　表 2-17

样品编号	名　称	百分含量(%)			
		砾粒(>2mm)	砂粒(0.06~2mm)	粉粒(0.005~0.05mm)	黏粒(<0.0005mm)
NWL-1（2）	粉质黏土		14.6	35	49
NWL-7（1）	粉质黏土		15	41	44
NWL-7（2）	重粉质砂黏土		37.76	39.6	28.2
NWL-7（4）	粉质黏土		17	46.6	36.4
NWL-9（2）	黏土		13.36	37.1	51
NWL-9（4）	含少量砾黏土	8.0	14.7	37.1	40.2
NWL-10	粉质黏土		16.21	49.19	34.6
NWL-6	砾质、粉质黏土	11.0	8.5	44.5	36
NWL-CK18-7	含砾黏土	10.0	17.5	36	36.5
NWL-CK40-1	砾质、粉质黏土	31.76	10.44	32.3	25.5
NWL-CK38-1	砾质黏土	39.20	8.3	19.9	32.6
NWL-CK13-4	砾质、粉质砂黏土	28.0	16.2	29.5	26.3
NWL-CK13-5	砾质、粉质砂黏土	29.79	18.91	27.1	24.2
NWL-CK18	砾质、粉质砂黏土	33.65	14.85	28	23.5
NWL-CK22-4	砾质、粉质砂黏土	37.73	17.77	16.5	28
NWL-CK12	砾质、粉质砂黏土	40.54	9.1	23.96	26.4
NWL-CK31-1	砾质、粉质砂黏土	35.4	16.6	17	31

鸡扒子滑坡滑带土矿物成分（差热分析）　　　　表 2-18

样品编号	名称	差 热 分 析					
		伊利石	绿松石	高岭石	方晶石	石英	长石
NWL-CK7	滑带砂黏土	主	多	少		少	少
NWL-CK9	滑带砂黏土	主	多				
NWL-CK18	滑带砂黏土	主	多				
NWL-CK37	滑带砂黏土	主		多		少	少

③化学成分。

小于 0.005mm 的黏粒化学成分（表 2-19），主要为 SiO_2，含量在 35.19%~48.70%；次为 Al_2O_3，含量为 15.83%~21.68%；铁和钙、镁氧化物较少。硅铝率为 2.25~2.94。从硅铝率看，滑带土中的黏土矿物成分应以伊利石为主。

鸡扒子滑坡滑带土黏粒化学成分　　　　　　　　表 2-19

样品编号	野外定名	氧化物含量(%)									硅铝率 SiO₂/R₂O₃	备　注
		SiO₂	Al₂O₃	Fe₂O₃	FeO	MgO	C₂O	K₂O	Na₂O	TiO₂		
NWL-CK48-4	紫红色砂黏土	35.19	15.83	7.09	0.41	2.73	15.40	2.40	0.07	0.64	2.94	硅铝率计算 SiO₂(%)/分子量 Al₂O₃(%)/分子量 Fe₂O₃(%)/分子量 R₂O₃(%)（倍率氧化物为Al₂O₃+Fe₂O₃
NWL-CK30	黄褐色砂黏土	48.70	21.68	7.87	0.79	4.42	1.90	5.01	0.38	0.58	2.25	
NWL-CK34	黄褐色砂黏土	48.60	20.88	8.31	0.65	4.20	2.40	4.97	0.44	0.58	2.33	
NWL-CK37-1-2	紫红色砂质黏土	47.90	20.82	9.23	0.82	4.10	2.34	5.45	0.29	0.67	2.30	

（2）物理力学性质。

土的物理力学特征主要受颗粒组成、矿物成分和含水率的影响。如前所述，鸡扒子滑坡的滑带土中除含 25% 左右的黏粒外，粉粒含量也较高，且黏粒矿物以伊利石为主，这就从本质上决定了土的物理力学性质。

试验和统计资料表明，滑带土的天然密度较大，在 2.10~2.42g/cm³ 之间，平均为 2.26g/cm³，说明土的结构比较密实。滑带土的塑性指数大于 9，小于 17；活动性指数为 0.54~0.62（表 2-20）。

鸡扒子滑坡滑带土的活动性指数　　　　　　　　表 2-20

样品编号	名称	塑限 w_L（%）	液限 w_P（%）	塑性指数 I_P	胶粒 0.002mm（%）	活动性指数
NWL-CK40-1	扰动粉质黏土	15.72	25.72	9.76	15.8	0.62
NWL-CK38-1	扰动粉质黏土	16.92	28.72	11.8	21.9	0.54
NWL-CK22-4	扰动粉质黏土	14.23	25.61	10.61	18.6	0.57
NWL-CK31-1	扰动粉质黏土	16.36	29.55	13.19	21.5	0.61

滑带土抗剪试验资料表明：抗剪强度随着含水率的增大而降低很快。据多组滑带土扰动样品试验，求其平均塑限为 15.53%，平均液限为 26.8%。当似塑限（含水率接近 15.53%）时，C_f=0.98kg/cm²，φ_f=17°16'；C_r=0.81kg/cm²，φ_r=15°36'。当似液限（含水率接近 26.8%）固结快剪时，C_f=0.12kg/cm²，φ_f=16°42'；C_r=0.08kg/cm²，φ_r=14°33'。相比而言，似液限的 C_r 比似塑限降低 10 倍；φ_r 降低约 7%。

上述试验结果说明了滑带土中水的含量对其抗剪强度影响的重要性。这是由于随着含水率的增加，黏粒间结合水薄膜增厚，黏聚力（C）减小，并导致被水膜包围的石英颗粒间的摩擦阻力（φ）减小。当然不同样品在相同试验条件下其摩擦角的大小和降低程度又取决于样品中石英含量及其颗粒间的排列关系。1982 年 7 月中旬特大暴雨期间宝塔老滑坡之所以复活，其原因之一就是滑带土含水率急剧增加,抗剪强度迅速降低,当其下降到临界值以下时,便引起了鸡扒子滑坡。

5)滑坡内的地下水

1983 年 2 月,在滑坡上部檀树湾至方家包和原石板沟一带,曾有多处泉水出露,滑坡台阶后部陷落带见有湿地。此外,滑坡湖虽已近于枯竭,但底部仍有细小水流渗出。其泉水流量为 0.008~0.05L/s,水质为重碳酸钙型,矿化度 0.31~0.56 g/L,属上层滞水。后来,随着对滑坡内部应力的调查,发现滑体产生局部位移,加上人工对滑坡体的不断改造,上述泉水多数已不再存在。

顺便指出:在滑坡复活的前夕,有人目睹在滑坡中部冲沟底部(现高程 190m),曾有地下水呈股状涌出,水头高出地面 2~3m,但滑坡后即消失,这可解释为上部滑体饱水后产生的溢出现象,实际就是滑坡的前兆。另外,在航道整治工程中,亦发现地下水从开挖断面 98m 高程流出,流量 0.039L/s,但出露位置随施工进展而相应变化,这说明滑坡存在少量地下水。

钻孔资料表明,滑坡内地下水位埋深较大,多在滑面(带)附近或滑床中,仅12、13、32、35 号等 4 个钻孔水位在滑面(带)上,即滑体内。简易提水试验,涌水量为 0.0015~0.235L/s,部分钻孔为干孔(表 2-21),只有近江边的钻孔由于受江水补给,涌水量较大,如 22 号孔涌水量为 1.36L/s,有的钻孔提水不能造成水位降。

鸡扒子滑坡水文地质数据统计表　　　表 2-21

钻孔编号	孔口高程（m）	孔深（m）	滑带深度（m）	静止水位埋深（m）	抽水试验		
					试段深度(m)	降深(m)	涌水量(L/s)
CK$_9$	174.08	60.22	46.09	54.31	54.31~60.22		0.00077
CK$_{10}$	173.95	56.16	32.48	38.2	38.20~42.84	4.64	0.00478
CK$_{11}$	149.43	31.58	9.50	25.07			0.0006
CK$_{12}$	206.71	62.32	49.64	45.23	45.23~63.32	1.07	0.235
CK$_{13}$	226.71	60.53	41.47	无			
CK$_{14}$	202.90	36.85	23.60	31.59	31.59~36.85	4.56	0.000376
CK$_{16}$	177.67	45.17	26.82	38.77	38.77~42.08	4.03	0.00015
CK$_{17}$	248.42	61.35	47.92	48.84	48.84~57.80	8.96	0.00126
CK$_{18}$	151.60	45.01	28.07	34.25	34.25~39.92	5.88	0.0028
CK$_{22}$	146.94	90.31	28.96	38.38	38.38~90.31	2.90	1.36
CK$_{25}$	134.88	88.54	28.94	47.02	47.02~88.84	0.40	0.19
CK$_{28}$	133.76	90.05	35.55	37.16	37.16~90.05	3.04	0.42
CK$_{31}$	138.45	80.36	41.86	41.81	42.66~79.85	8.34	0.18
CK$_{32}$	117.04	80.85	60.72	58.70	58.70~76.00	10.00	0.08
CK$_{33}$	159.51	50.21	28.70	45.38	45.38~50.21	0.80	0.00031

续上表

钻孔编号	孔口高程 （m）	孔深 （m）	滑带深度 （m）	静止水位埋深 （m）	抽 水 试 验		
					试段深度（m）	降深（m）	涌水量（L/s）
CK$_{34}$	158.31	45.25	10.24	无			
CK$_{35}$	175.93	50.91	22.58	20.50	20.50~50.91		0.028
CK$_{37}$	188.20	45.59	26.47	无			
CK$_{38}$	218.58	58.22	35.36	无			
CK$_{39}$	225.21	51.34	21.98	30.83	30.83~50.70	3.87	0.02
CK$_{40}$	262.80	108.32	15.10	42.53	42.53~108.30	2.00	0.002

以上资料说明，鸡扒子滑坡内，地下水位埋深，水量很小。前已述及滑坡体上广泛分布的砂质黏土基本不透水也不含水，渗透系数小于0.005m/d；下伏厚大的碎裂岩体空隙发育，从滑出的碎裂岩裂隙面上覆盖大量钙化沉淀物，钻进中泥浆全部漏失等情况，说明碎裂岩体透水性良好，通常是处在包气带中，因补给不利，排泄良好，富水性甚弱；构成滑床的砂岩、泥岩互层，裂隙发育弱，且深埋于水中滑坡堆积物之下，外围沟谷切割强烈，地表渗流排泄迅速，地下水赋存条件差，水量也贫乏。

2.3　滑坡形成机制

宝塔滑坡是斜坡表层岩体滑移-弯曲变形的产物，而鸡扒子滑坡则是1982年7月中旬特大暴雨期间高孔隙水压力导致的宝塔滑坡的部分复活。因此，在讨论滑坡形成机制时，应在分析宝塔滑坡的基础上对鸡扒子滑坡形成机制进行探讨。

2.3.1　宝塔滑坡的形成机制

宝塔滑坡是斜坡表层岩体滑移-弯曲变形长期发展的结果。这里所谓的滑移-弯曲变形，是指斜坡表层岩体在自重作用下沿软弱结构面顺层滑移，致使坡脚部位的岩层向临空面方向发生弯曲的现象。国内也有人把这类斜坡变形称之为溃屈，而国外则称之为屈曲（buckling）。这类变形的形成条件、力学机制、破坏判据、临滑预测和防治原则如下。

1）形成条件

地质调查表明，滑移-弯曲变形是岩质斜坡的基本变形地质模式之一。它通常发育在层状岩体中，尤其以薄层状片岩、砂、泥岩或页岩互层和柔性较强的碳酸盐岩层中最为常见。这类变形的产生，一般必须具备以下条件：

（1）层状岩层的产状倾向坡外，且倾角大于或等于坡脚；或岩层上部陡倾而下部转为近水平,前缘临空,整体呈"靠椅状"。

（2）表层岩体中有滑移面存在,这些滑移面通常是强度较低的层间较弱结构面,如层面、层间软弱夹层和层间错动带等。

（3）在平面上,斜坡表层岩体两侧常被较大较深的冲沟或软弱结构面所切割,因而临空条件良好。

宝塔滑坡的原始斜坡的地形地貌和地质结构,为斜坡表层岩体产生滑移-弯曲变形提供了有利条件。它发育在长江北岸由上侏罗绕蓬莱镇灰白色长石石英砂岩和紫红色泥岩不等厚互层所构成的单面山斜坡上,斜坡东西两侧分别被大河沟和汤溪沟所深切,因而斜坡呈三面临空之势。组成斜坡的岩层倾向坡外（即倾向长江）,与地形坡向一致,且倾角接近,即由上部的 21° 左右渐变为长江沿岸的 10° 左右（见图 2-13 宝塔滑坡 3-3′ 纵剖面图）。斜坡表层岩体中砂、泥岩的界面有泥化现象,其强度低,构成了斜坡岩体产生滑移的滑移面。这种特定的地形地质环境,显然有利于斜坡表层岩体发生滑移-弯曲变形。

宝塔滑坡前缘的轻微褶曲是斜坡表层岩体发生滑移-弯曲变形的证据（图2-35）。与宝塔滑坡处于相同地质环境且相距仅约 1km 的云阳西城滑坡前缘出现的强烈褶曲,也是斜坡表层岩体滑移-弯曲变形的有力佐证（图 2-36）。

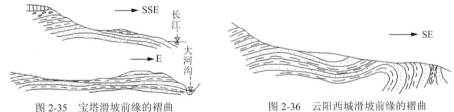

图 2-35　宝塔滑坡前缘的褶曲　　　　图 2-36　云阳西城滑坡前缘的褶曲

2）力学机制

宝塔滑坡所在的原始斜坡的表层岩体结构,可简化为如图 2-37 所示结构。很显然,如果斜坡上部陡倾斜的表层岩体在自重作用下沿砂、泥岩界面发生滑移,必将受阻于斜坡下部缓倾斜的表层岩体,从而在岩层陡缓交界处附近发生弯曲变形。著名的意大利瓦伊昂滑坡失事前的斜坡变形正是如此（图 2-38）。

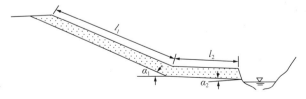

图 2-37　宝塔滑坡失事前的斜坡结构示意图

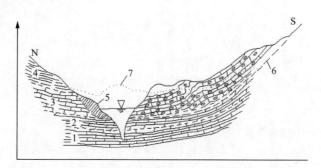

图 2-38 瓦伊昂滑坡失事前的斜坡滑移-弯曲变形示意图(据 Müller)

1-坚硬石灰岩(侏罗系);2-薄层灰岩和黏土夹层;3-厚层含燧石石灰岩;4-泥灰岩(白垩系);5-老滑坡的残留物;6-滑动面;7-堆在峡谷里的滑坡体

下面分析这种滑移-弯曲变形产生的力学机制。

伊藤·熊谷的长期流变试验表明,处于常温常压下的地表岩体中的应力-应变关系可由 Maxwell 模型表征(图 2-39)。此时,

$$\frac{\mathrm{d}\varepsilon}{\mathrm{d}t} = \frac{1}{E}\frac{\mathrm{d}\sigma}{\mathrm{d}t} + \frac{E}{\eta}t \tag{2-1}$$

式中,σ 为应力;ε 为应变;E 为弹性模量;η 为黏滞性系数;t 为时间。

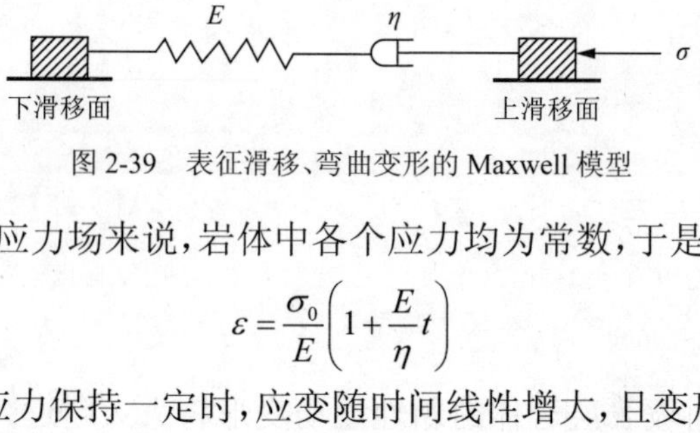

图 2-39 表征滑移、弯曲变形的 Maxwell 模型

对于斜坡自重应力场来说,岩体中各个应力均为常数,于是,解上述方程可得

$$\varepsilon = \frac{\sigma_0}{E}\left(1 + \frac{E}{\eta}t\right) \tag{2-2}$$

上式表明,当应力保持一定时,应变随时间线性增大,且变形由两部分组成:一部分是弹性变形 $\frac{\sigma_0}{E}$,另一部分是随时间而增大的黏性流动变形 $\frac{\sigma_0}{\eta}t$。当式(2-2)的时间 t 取不同值时,有下列不同情况:

当 $t=0$ 或 $t \ll \frac{\eta}{t}$ 时,斜坡表层岩体几乎完全表现为弹性变形,可视为弹性体。这时,式(2-2)又可写为

$$\varepsilon = \frac{\sigma_0}{E} \tag{2-3}$$

如果不计滑移面上的黏聚力,则斜坡表层岩体陡缓交界处的应力为:

$$\sigma_0 = \gamma l_1 \cos\alpha_1 (\tan\alpha_1 - \tan\varphi) \qquad (2\text{-}4)$$

式中，γ 为斜坡表层岩体的密度；φ 为滑移面的摩擦角，其余符号见图 2-37。

图 2-37 中斜坡上部陡倾斜的表层岩体，可以看作是一根上端简单支承，下端固定的理想柱，如图 2-40 所示。根据欧拉公式，当荷载 P 达临界荷载 P_{cr} 时，柱内的应力为

$$\sigma_{cr} = \frac{\pi^2 E}{(0.7 l_1 / R)^2} \qquad (2\text{-}5)$$

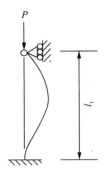

图 2-40　下端固定上端铰接的理想柱

式中：l_1/R 为柱的长细比；$R = \sqrt{I/h}$ 为柱的最大回转半径；I 为惯性矩，对于厚度为 n 的柱来说，$I = h^3/12$。

若令 $\sigma_0 = \sigma_{cr}$，则斜坡表层岩体将产生任意小的挠度，即发生滑移—弯曲变形。于是，由式（2-4）和式（2-5），可得斜坡岩体发生滑移—弯曲变形的临界长度：

$$l_{1cr} = \left[\frac{\pi^2 E n^2}{6\gamma \cos\alpha_1 (\tan\alpha_1 - \tan\varphi)} \right]^{\frac{1}{3}} \qquad (2\text{-}6)$$

当斜坡上部陡倾斜的表层岩体的实际长度达到临界长度 l_{1cr} 时，则将产生滑移-弯曲变形。从式（2-6）不难看出，n 愈小，即岩层愈短，陡倾滑移面的倾角 α_1 愈大、摩擦角 φ 越低，则愈易产生此类变形。这与野外观察到的地质事实一致。

但应当指出的是，只有当斜坡表层岩体中的应力低于表层岩体的比例极限时，式（2-6）才适用。若应力超过此极限时，则将产生大挠度的非弹性滑移-弯曲变形，即发生强烈的滑移-弯曲变形。

当 $t \gg \dfrac{\eta}{E}$ 时，斜坡表层岩体的黏性流动变形将大大超过弹性变形，岩体可视为黏性体。在这种情况下，式（2-2）可写为：

$$\varepsilon = \frac{\sigma_0}{\eta} t \qquad (2\text{-}7)$$

或

$$\bar{\varepsilon} = \frac{\sigma_0}{\eta} = \frac{\gamma l_1 \cos\alpha_1 (\tan\alpha_1 - \tan\varphi)}{\eta} \qquad (2\text{-}8)$$

已有试验研究表明，当岩体的这个平均应变速率 $\bar{\varepsilon}$ 小于该岩体的临界应变速

率 ε_{cr} 时,岩体表现黏性。在这种情况下,应力在受力初期随变形的发展会有一定的积累,增大到一定程度后,应力就不再进一步增大,而变形仍会不断发展,即进入黏性流动阶段。因此,斜坡表层岩体有可能产生连续弯曲而并不折断的强烈"褶曲"。自然界中见到的大多数滑移-弯曲变形,尤其是那些连续而强烈的滑移-弯曲变形,很可能就是在这种条件下产生的。但是,当岩体的应变速率大于临界值时,岩体则表现弹性,随着变形的发展,应力不断增大,达到极限强度后,产生突然的脆性破坏。

就宝塔滑坡而言,根据 3-3′纵剖面(图 2-13),该滑坡失事前表层岩体的厚度(h)约为 75m,上部陡倾岩体的倾角(α_1)为 21°;根据试验成果,滑移面的残余内摩擦角(φ)为 16°,砂泥岩体的平均天然密度(γ)为 2.55g/cm³;根据经验数据,取岩体的弹性模量(E)为 5×10^3MPa。则按式(2-6)可计算得到岩体发生滑移-弯曲变形的临界长度(l_{1cr})是 1293.62m。而斜坡上部陡倾斜岩体的实际长度(l_1)仅约为 1000m。这说明,该滑坡失事前的滑移-弯曲变形不是由弹性变形所引起的。

另据万县至秭归地段的地壳变形速率(3~6mm/a,取 4.5mm/a),宝塔滑坡所在的原始斜坡的表层岩体陡缓交界处至现河床深度(88m),宝塔滑坡的滑动距离(160m)和斜坡上部陡倾岩层的实际长度(1000m),则不难计算得出斜坡上部岩层的平均应变速率为 2.6×10^{-13}/s。考虑到滑移-弯曲变形的后期,特别是整体下滑阶段,岩层的滑移速度要大于初期,其应变速率应远大于上述平均应变速率值,则可以肯定,变形初期岩体的应变速率要小于其临界应速率值,这就是宝塔滑坡所在的原始斜坡表层岩体具有黏性流动性质的滑移-弯曲变形得以发展的原因。也正因为变形后期的应变速率,因而引起岩体局部破裂、崩落,致使宝塔滑坡滑体前缘下伏的冲积层中夹有数层碎块堆积,这是宝塔滑坡变形过程中不同于一般的黏性流动变形的地方。

3)破坏判据

斜坡表层岩体在一定条件下,将整体失稳破坏,形成滑坡。就岩层产状呈"靠椅状"的斜坡表层岩体而言,其失稳破坏有两种不同的方式:沿滑移面临空剪出,剪断陡缓交界处附近的岩体。下面分别介绍这两种不同破坏方式的破坏判据。

(1)沿滑移面临空剪出。

这种破坏方式一般发生在斜坡表层岩体的抗滑阻力小于滑力的情况下。其稳定性取决于下部缓倾岩体的受力状况,如图 2-41 所示。

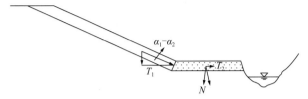

图 2-41　斜坡下部缓倾斜表层岩体的受力状况示意图

下滑力

$$T = T_1 + T_2 = rhl_1 \cos\alpha_1 (\tan\alpha_1 - \tan\varphi) \cos(\alpha_1 - \alpha_2) + rhl_2 \sin\alpha_2 \qquad (2\text{-}9)$$

抗滑力

$$N = N_2 \text{（忽略 } N_1 \text{ 不计）} = rhl_2 \cos\alpha_2 \tan\varphi \qquad (2\text{-}10)$$

令 $T=N$，即斜坡下部缓倾斜表层岩体处于极限平衡状态，则有

$$rhl_1 \cos\alpha_1 \cos(\alpha_1 - \alpha_2)(\tan\alpha_1 - \tan\varphi) = rhl_2 \cos\alpha_2 \tan\varphi$$

由此得

$$l_1 = \frac{\cos\alpha_2 \tan\varphi - \sin\alpha_2}{\cos\alpha_1 \cos(\alpha_1 - \alpha_2)(\tan\alpha_1 - \tan\varphi)} l_2 \qquad (2\text{-}11)$$

若 $\alpha_2 = 0$，即岩层呈水平产出时，上式可简化为

$$l_1 = \frac{\tan\varphi}{\cos^2\alpha_1 (\tan\alpha_1 - \tan\varphi)} l_2 \qquad (2\text{-}12)$$

当斜坡上部陡倾斜表层岩体的实际长度大于式（2-11）或式（2-12）所示的长度时，斜坡表层岩体则沿着"靠椅状"滑移面临空剪出，形成滑坡，故这两式可作为沿滑移面临空剪出的破坏判据。

（2）剪断陡缓交界处附近的岩体。

这种破坏方式通常发生在斜坡上部陡倾斜表层岩体在陡缓交界处附近的最大剪应力达到岩体的抗剪强度的情况下。这时，陡缓交界处附近的最大剪应力为

$$\tau_{\max} \geqslant \sigma_0 \tan\varphi_{岩} + C_{岩} \qquad (2\text{-}13)$$

式中，$\varphi_{岩}$ 和 $C_{岩}$ 分别为斜坡表层岩体的内摩擦角和黏聚力。

如果不考虑沿斜坡走向方向的应力，则坡面附近岩体中的应力状态接近于单向应力状态。因为垂直于坡面的最小主应力在坡面附近很小，甚至趋于零或出现拉应力，而最大主应力 σ_0 又平行于坡面。因此，可近似认为

$$\tau_{\max} = \frac{1}{2}\sigma_0 \qquad (2\text{-}14)$$

于是，由式（2-13）和式（2-14）可得

$$\sigma_0 \geqslant \frac{C_{岩}}{\frac{1}{2} - \tan\varphi_{岩}}$$ （2-15）

将 $\sigma_0 = \gamma l_1 \cos\alpha_1(\tan\alpha_1 - \tan\varphi)$，代入式（2-15），则得

$$l_1 \geqslant \frac{C_{岩}}{\gamma\cos\alpha_1(\tan\alpha_1 - \tan\varphi)\left(\frac{1}{2} - \tan\varphi_{岩}\right)}$$ （2-16）

当斜坡上部陡倾斜表层岩体的实际长度大于或等于式（2-16）的长度时,则陡缓交界处附近已经滑移-弯曲变形的岩体将被剪断,首先在岩体中形成一对剖面 X 裂隙,随后斜坡上部陡倾斜表层岩体沿着其中倾向坡外的一组方向有利的裂隙剪出,从而产生滑坡。因此,式(2-16)可作为剪断陡缓交界处附近岩体的破坏判据。

就宝塔滑坡所在的原始斜坡而言,据 3-3′ 剖面,斜坡下部缓倾斜岩体的长度 l_2=650m,倾角 α_2=10°;据试验成果,砂、泥岩岩体的平均内摩擦角 $\varphi_{岩}$=25°,平均黏聚力 $C_{岩}$=9kg/cm²;其余数据同前。则按式（2-11）计算得沿滑移面临空剪出所需要的上部陡倾岩层的长度为 893.75m,按式（2-16）计算得剪断陡缓交界处附近岩体所需要的上部陡倾岩层的长度为 1285.71m,而上部陡倾岩层的实际长度是 1000m。因此宝塔滑坡所在的原始斜坡的破坏方式只能是沿滑移面临空剪出,形成滑坡。经勘探查明的宝塔滑坡的滑面形态与"靠椅状"滑移面基本一致,进一步证实了这一点。

4)临滑预测

岩质斜坡从滑移-弯曲变形发展到失稳破坏,形成滑坡,是斜坡长期蠕动变形的结果,具有明显的时间效应。因此,根据斜坡上部陡倾斜岩体的滑移速率可以对其进行临滑预测。

前已叙及,当时间 $t \geqslant \dfrac{\eta}{E}$ 时,有

$$\varepsilon = \frac{\sigma_0}{\eta}t \quad 或 \quad \frac{\Delta l_1}{l_1} = \frac{\sigma_0}{\eta}t$$ （2-17）

式中：Δl_1——斜坡上部陡倾表层岩体沿滑移面的滑移距离。

式(2-17)可改写为

$$\frac{\Delta l_1}{t} = \frac{\gamma l_1^2 \cos\alpha_1(\tan\alpha_1 - \tan\varphi)}{\eta}$$ （2-18）

即平均滑移速度

$$\overline{v} = \frac{\gamma l_1^2 \cos\alpha_1(\tan\alpha_1 - \tan\varphi)}{\eta}$$ （2-19）

对于不同的破坏方式,上式有不同的表现形式:

(1)当沿滑移面临空剪出时。

将式(2-11)代入式(2-19),则得

$$\bar{v} = \frac{\gamma(\cos\alpha_2\tan\varphi - \sin\alpha_2)^2}{\eta\cos\alpha_1\cos^2(\alpha_1-\alpha_2)\tan\alpha_1} \tag{2-20}$$

若 $\alpha_2 = 0$,即斜坡下部岩体呈水平产出时,上式可以简化为

$$\bar{v} = \frac{\gamma\tan^2\varphi}{\eta\cos^3\alpha_1(\tan\alpha_1 - \tan\varphi)}l_2^2 \tag{2-21}$$

(2)当剪断陡缓交界处附近的岩体时。

将式(2-16)代入式(2-19),则得

$$\bar{v} = \frac{C^2}{\eta\gamma\cos\alpha_1(\tan\alpha_1 - \tan\varphi)\left(\dfrac{1}{2} - \tan\varphi_{岩}\right)} \tag{2-22}$$

上述式(2-20)、式(2-21)和式(2-22)即是斜坡表层岩体发生滑移-弯曲型破坏的临滑预测的标志。

就宝塔滑坡所在的原始斜坡而言,根据前述的有关数据和斜坡上部陡倾岩层下滑的平均应变速率 $\bar{\varepsilon} = 2.6\times10^{-13}$/s,可反算得斜坡表层岩体的黏滞性系数 $\eta = 8.2\times10^{16}$ 泊。再按式(2-20)可推算得宝塔滑坡临滑时的滑移速度 $\bar{V} = 1.85$cm/d。考虑到斜坡上部陡倾斜岩层的实际长度为 1000m,则可求出此时的应变速率(相当于临界应变速率) $\bar{\varepsilon} = 2.1\times10^{-10}$/s,比平均应变速率高三个数量级。这就进一步说明斜坡滑移-弯曲变形初期的应变速率远小于平均应变速率的推断是可信的。

5)防治原则

岩质斜坡的滑移-弯曲变形虽然是缓慢而长期的,但对于位于斜坡上的且不允许有过大变形量的建筑物来说,仍可造成严重影响;而滑移-弯曲型破坏往往规模大、滑速高、滑距远,所造成的危害就更为严重,甚至可能是灾难性的。因此,在有可能发生这类变形和破坏的地区兴建建筑物和设计大型路堑或露天矿高边坡时,应采取必要的防治措施。这里只提出一些原则性的意见。

对于天然斜坡,应防止坡脚和陡缓交界处附近的岩体被河流侵蚀冲刷和人工开挖,以免这些部位的应力增高而导致滑移-弯曲变形的发生和发展。倘若这些部位的岩体已经遭到严重的侵蚀冲刷或必须进行人工开挖时,则应削减表层岩体的长度或对其进行锚固处理,以提高抗滑移-弯曲的能力。锚固深度应达滑移面以下一定深度,或根据下式确定:

$$h = \left[\frac{6\gamma \cos \alpha_1 (\tan \alpha_1 - \tan \varphi)}{\pi^2 E} l_1^3 \right]^{\frac{1}{2}} \qquad （2\text{-}23）$$

设计大型路堑和露天矿高边坡时,边坡应做成台阶段,且各级台阶的斜坡长度以小于斜坡表层岩体发生滑移-弯曲变形的临界长度为宜,见式(2-6)。

无论是天然斜坡还是人工边坡,防止地表水渗入滑移面和把地下水位降低到滑移面以下,对于防治岩质斜坡的滑移-弯曲变形和破坏均是有利的。

2.3.2　鸡扒子滑坡的形成机制

鸡扒子滑坡是孔隙水压力导致滑坡部分复活的一个典型实例。这里,将首先介绍滑坡附近地区的气象水文特征,然后阐述滑坡的变形破坏过程及运动特征,最后讨论滑坡的形成条件、触发因素以及滑坡的性质。

1)滑坡附近地区的气象水文特征

鸡扒子滑坡是宝塔滑坡的部分复活,发生在 1982 年 7 月特大暴雨和长江水位迅速上涨期间。很显然,该滑坡的形成与当地的气象水文特征有着密不可分的联系。

滑坡附近地区,降雨丰富,且多暴雨。据云阳气象站有完整记载的近 23 年的观测资料,该区多年平均降雨量为 1093mm,降雨主要集中在每年的 7、8、9 月。其中,最大月平均降雨量出现在 7 月,达 157.2mm,最大日降雨量为 102.3mm。

近一百余年以来,云阳地区出现过两次罕见的特大暴雨。据县志记载,前一次特大暴雨发生在 1870 年,当时长江水位迅猛上涨。对洪水位遗留下的痕迹测量,当时的长江洪水位高程 147m,比枯水位高出约 63m。

1982 年 7 月,四川东部的涪陵、达县、万县地区连降暴雨(以下简称"82·7"暴雨)。这是滑坡附近地区近百余年来又一次罕见的特大暴雨。这场暴雨,在云阳城区,7 月份全月降雨量达 633.2mm,占多年平均降雨量的 57.9%,是最大月平均降雨量的 4.03 倍。这场暴雨有两次降雨过程:第一降雨过程发生在 7 月 16 日—7 月 23 日,降雨量为 473.0mm;第二降雨过程出现在 7 月 26 日—7 月 29 日,降雨量为 125.5mm。由于连续的特大降雨,致使长江水位上涨到 122m 高程。鸡扒子滑坡就发生在"82·7"暴雨第一降雨过程中。

2)滑坡的变形破坏过程及运动特征

(1)变形破坏过程。

从时间上看,宝塔滑坡的变形破坏过程与"82·7"暴雨的第一降雨过程紧密相关。

据调查和走访，云阳城区暴雨过程从7月16日凌晨4时开始，当天宝塔滑坡西部的后缘土体出现隆起、开裂、民房下陷等现象。17日4时，滑坡后缘桐子林西侧的土石首先滑塌到檀树湾附近的石板沟内。然后，约在17日5—8时，桐子林东侧的土石和民房亦向石板沟中滑塌。这样，从宝塔滑坡西部的后缘先后入石板沟中的土石体积约17万 m³，致使沟床堵塞，地表径流排泄不畅，下游断流，上游则积水成库（高程约254m）。此时正值暴雨主峰，地表径流量约0.24m³/s，入库的地表水沿着滑坡后缘开裂的裂缝全部直接渗入滑坡体内。17日18时，有人目睹滑坡中下部一冲沟中有地下水涌出地表，且水头高度2～3m（高程190m左右）。17日20时左右，石板沟东侧的土石开始向下蠕滑，与此同时，石板沟沿岸的土石和民房发生类似泥石流状的塑形流动。18日2时，石板沟东侧的土石和民房开始向下剧烈滑动；2时15分左右，前缘的土石及其上的建筑物被推入当时的长江洪水位（122m高程）以下。18日2时30分—3时，更东部的土石和民房亦跟随产生自上而下的逐级滑动。江边一家农民的猪圈滑入江边，农民赶去抢救被滑体掩埋的家猪，后来上部也接着下滑，才匆忙离开。

据勘测证实的资料计算，宝塔滑坡西部产生滑动的土石总计1500万 m³，其中前缘的230多万 m³被推入江中，并直达对岸，形成长约700m的险滩，给航运造成极大的困难。此次滑坡复活波及的范围约0.774km²，约占滑坡总面积的2/5。由于宝塔滑坡西部的大规模复活，从而形成一个新的巨大滑坡——鸡扒子滑坡。

（2）运动特征。

鸡扒子滑坡形成过程中，表现出复杂的运动特征，既有滑动，也有流动，大体上可分为3个不同的区域。

①西部塑形流动区。

位于石板沟两侧，其运动特征表现为表层饱水土体的塑形流动。饱水土体下滑过程中转化为稠度很大的泥石流。流体厚度不大，据石板沟开挖排水槽揭露出的剖面证实，未涉及宝塔滑坡的深层土体。流体的不同部位流速不均。流体中部流速较快，流体中部表面物体的水平位移达150~209m，两侧流速相对较低，水平位移仅67~117m。流体表部的流速高于深部，致使其上的树木都产生向前方的倾倒变形。整个流体具有很大的破坏能力，位于其上的建筑物被剪断，位于泥石流上的部分被推入江中。

②中部推移滑动区。

位于石板沟东部，其运动特征表现为块体的推移式滑动。上部首先起动，开始是向下缓慢蠕动,并推挤中下部的土体。6小时后为整体剧烈滑动。从位移向量得知,上部滑动方向 SSW,水平位移 142~169m;中部滑动方向 SSW~SW,水平位移 20~97m;下部滑动方向 S,水平位移 108~190m,其中 190m 为被推入洪水位以下的冷冻厂。估计滑动块体的最大平均滑速为 12.5m/s。滑动中有解体,但整体性尚好,滑坡堆积物显示四级台阶。

③东部牵动滑移区。

位于滑坡东部,其运动特征表现为自下而上的逐级滑动。但水平位移上部达一百余米,而下部仅数十米,说明推力主要来自上部。此外,滑体西侧的位移大于东侧,破坏程度亦自西向东减弱,且滑体发育了一系列向西撒开、向东收敛的张裂缝,表示它还受到来自中部地区的侧向牵动。

3)滑坡的形成条件和触发因素

（1）形成条件。

鸡扒子滑坡是宝塔滑坡的部分复活,它是各种自然地质因素和人为因素共同作用的结果。

前已述及,宝塔滑坡的滑动带是由紫红色黏土或砂质黏土夹砂岩角砾组成,黏粒的主要成分为伊利石。由于它早期是斜坡表层岩体沿岩层层面长期滑移弯曲变形的滑移面,后来又沿之产生滑坡,因而其强度显然已达到残余值,强度相对很低。加之,滑体已被松动、碎裂,裂隙大多张开,裂面上覆盖大量钙化沉积物,这说明滑体通常处于气带之中,且滑体的主要部分透水性能良好。"82·7"暴雨期间,石板沟被堵塞后地表径流全部直接沿裂缝渗入滑体,以及勘探过程中钻孔内泥浆漏失孔口不反水,均是滑体透水性的有力佐证。因此,在适当的条件下,滑带土饱水后,其强度必将进一步降低,故宝塔滑坡的滑动带有可能成为滑坡复活的潜在滑动带。

宝塔滑坡前缘呈弧形突向江心,使河道变窄,流速增高。因而,在急流江水的长期冲刷和侵蚀下,滑坡前缘形成了高约 40m 的陡坎,并受到长江水位升降的影响,其稳定性受到一定程度的削弱。

近几十年以来,宝塔滑坡前缘修建了冷冻库、饲养场、医院、食品站和机砖厂等一系列建筑物,不合理的取土,采石相当严重,据调查,仅机砖厂十三年来在滑坡前缘取土就达 20 余万 m³,因此,滑坡前缘的阻滑部分进一步遭到破坏。

在上述自然因素的作用和人为因素的影响下,宝塔滑坡的稳定性在逐级降低,存在着复活的可能性。它虽然长期处于不稳定状态,如果没有适当的条件,滑坡复活仍不至于发生。

（2）触发因素。

长期处于不稳定状态的宝塔滑坡,之所以于 1982 年 7 月复活,其主导的和触发的原因是罕见的特大暴雨造成的高孔隙水压力。

如前所述,宝塔滑坡部分复活发生在"82·7"暴雨第一降雨过程中。据云阳气象站资料,从降雨开始至石板沟被堵塞的 28 小时内降雨量为 269.1mm,从降雨开始至剧烈滑动的 46 小时内降雨量达到 331.3mm,其间最大 24 小时降雨量为 240.9mm,最大时降雨量为 38.8mm。云阳城区的这场暴雨,无论是降雨总量,或是降雨强度,都达到甚至超过国内外不少国家和地区触发滑坡的暴雨强度临界值(表 2-22),因此,可以说"82·7"暴雨为宝塔滑坡的复活提供了有利条件。

一些国家或地区触发滑坡的暴雨强度临界值　表 2-22

国家或地区	降　雨　量		降 雨 强 度		备　　注
	总量 （mm）	占多年平均降 雨量的百分数 （%）	日降雨量 （mm）	时降雨量 （mm）	
巴西	250～300	>12			>20% 趋向于出现灾害性滑动
美国	250			>6	临界值
加拿大	250				
日本	150～200			20～30	
中国香港			>100		
中国四川			>200		
中国云阳	331.3	30.3	240.9	38.8	

根据第一降雨过程的降雨强度、持续时间和滑坡后缘的集雨面积,可以算出,仅自石板沟被阻塞到剧滑时的 18 小时内,暴雨造成的地表径流直接渗入滑体的水量就达 15660m³,即 0.24m³/s。若再加上从降雨开始至剧滑时的 46 小时内的暴雨正常渗入量,则将更多。

大量地表水渗入滑体,一方面,使宝塔滑坡滑带土饱水,强度大幅度下降,从而为滑坡复活提供了潜在滑动面。11 组宝塔滑坡滑动带土原状样的抗剪试验成果的平均残余抗剪指标见表 2-23。从表中可知,饱水状态下的残余抗剪指标大大低于天然状况下的同类指标,其黏聚力 C_r 下降 34%,内摩擦角下降 36%。此外,用不平衡推力法反算得到鸡扒子滑坡滑带土的抗剪指标(表 2-24)与宝塔滑坡滑带土原状样饱水状态的试验指标十分接近。这意味着,宝塔滑坡复活确是在滑带土饱水后强度大幅下降的情况下发生的。

宝塔滑坡滑带土的残余抗剪指标   表 2-23

试验状态	抗剪指标 C_r（kg/cm²）	φ_r
天然含水率	0.5	16°18'
饱和含水率	0.33	10°39'

鸡扒子滑坡滑带土的反算指标   表 2-24

所在部位	抗剪指标 C_r（kg/cm²）	φ_r
中区	0.34	11°36'
东区	1.32	9°38'

但应当说明的是,宝塔滑坡自形成以来已有相当长的历史,滑带土饱水后强度大幅下降肯定不止这一次,1870 年云阳亦曾出现罕见的特大暴雨,且当时的长江洪水位达 147m 高程,就是证明。但那时均未造成类似 1982 年 7 月这样大规模的滑坡复活。这说明,滑带土饱水后强度和特大洪水位虽然对滑坡复活是有利的,但不是滑坡复活的充分条件。

另一方面,宝塔滑坡西部的滑体内地下水位迅速升高,形成异常高的动水压力和静水浮托力,为滑坡复活提供了充分条件。如果石板沟被堵塞积水成库的高程 190m 和当时的长江洪水位高程 122m 的连线,能代表滑坡临复活前的地下水位的话,那么当时的地下水位比枯季上升 10~30m,平均水力坡度达到 190‰。滑坡西部的大部分滑体已处于饱水状态之下,承受的动水压力和静水浮托力无疑是非常大的。滑体中下部涌水后 2 小时,滑体上部便开始向下缓慢蠕动,说明上述地下水位确实已使宝塔滑坡的稳定性接近极限平衡状态,这样,随着滑体内地下水位的继续升高,宝塔滑坡西部受地表水大量渗入补给的这部分滑体的稳定性不断下降,并最终降至临界状态以下,造成宝塔滑坡的部分复活,亦导致鸡扒子滑坡的形成。

值得注意的是,宝塔滑坡未受大量渗流补给的东部滑体,尽管与西部处于相同的暴雨条件下,但由于不能形成足够的孔隙水压力,因此目前仍处于稳定状态。另外,西距宝塔滑坡仅 1km 的云阳西城滑坡,在形成年代、形成机制、滑床形态和滑带土特征等方面都与前者有许多相似之处,但后者在"82·7"暴雨期间地表天然排水系统正常,地下水不能大量渗入滑体形成足够高的孔隙水压力,所以尽管二者处于相同的暴雨条件下,后者却没有复活。

不难看出,孔隙水压力在宝塔滑坡的部分复活中起了主导作用,它是导致宝塔滑坡部分复活的触发因素。而这次灾害性事件的直接原因,则应归咎于特大暴雨引起滑坡后缘局部滑塌所造成的石板沟被堵塞以及随之而来的地表天然排水系统失效。

4)滑坡的性质

综上所述,可以看出,鸡扒子滑坡应属高孔隙水压力诱发的推移式滑坡。但由于滑坡规模巨大,故不同部位有所差别。

滑坡西部为表层饱水土体类似于泥石流状的塑形流动,流体厚度不大,未涉及宝塔滑坡的深层土体;中部为块体沿老滑床的推移式滑动,东部从本质上说也如此,只是因运动中解体而表现为自上而下的逐级滑动。

5)问题与建议

通过大量勘察试验研究表明:鸡扒子特大型滑坡,当其开始局部滑动后,其变化过程非常剧烈,能量巨大,难以预测和模拟其变化特征。1985 年,新滩特大型滑坡也证明这一特点。这种剧烈的动态变化应纳入滑坡形成机制、触发因素等分析中,在稳定性评价分析计算中也应注意。

2.4　高程系统及参数说明

(1)本书高程系统采用黄海高程。

(2)长江水位:三峡蓄水后采用三峡库区水位,为资用吴淞高程系统,即

$$资用吴淞高程 = 黄海高程 +1.3m$$

三峡工程蓄水水位:2003 年 6 月, 135m;2006 年 10 月, 156m;2008 年 11 月, 171m;2010 年 11 月, 175m。

鸡扒子滑坡位于三峡水库库区,图表中长江水位采用三峡蓄水水位。

(3)当地水尺水位:当地水尺设在滑坡体上游,为以前海关设置,其零水位为当地枯水期低水位 83.3m(黄海高程)。

(4)为了尽量保持当年技术和书稿原貌,正文中 C_r、C_f、R_c 等参数的单位,还沿用 20 世纪 80 年代单位;对钻孔编号表现形式进行了局部统一。

(5)第 5 章,表示阻力的单位为 kg,读者可自行换算成牛顿(N)。

第3章
滑坡稳定性计算与评价

3.1 鸡扒子滑坡稳定性计算与评价

3.1.1 计算区划分及计算剖面确定

　　滑区工程地质分区是滑坡稳定性计算分区的基础。根据鸡扒子滑坡滑动形式及其特征,将滑坡分成东、中、西三个工程地质分区。西区为泥石流状塑性流动区,东区和中区为主滑区,中区滑动先于东区,滑动形式为推移式,东区因受中区影响,滑动形式较为复杂。西区为表层松散堆积物的塑性流动,下伏宝塔老滑体基本未动,在进行稳定性分析时,可将其与中区一并考虑,因此,计算分区仅分为中、东两区(图3-1)。

　　滑坡稳定性问题通常简化成二维平面问题进行分析,并将滑体的主轴剖面作为稳定性计算剖面,1-1′勘探剖面和6-6′勘探剖面分别为鸡扒子滑坡中区和东区的主滑剖面,剖面图如图3-2和图3-3所示。

3.1.2 滑面及滑面剪出口的确定

　　通过地质勘查现已查明鸡扒子滑坡滑面与宝塔老滑坡滑面基本重合,即基本上沿基岩层面发育。滑面埋深一般为 20 ～ 50m,东区埋深较大,在纵剖面上是座椅状,由后壁至前缘,滑面倾角由25°左右减缓至11°左右。滑面剪出口高程为120m 和 70 ～ 80m, 70 ～ 80m 高程的剪出口为最终剪出口。

　　稳定性计算中仍采用上述滑面作为可触滑动面,剪出口处采用上述形式以外,还采用98m 高程处的一可触剪出口(由航道整治开挖工程造成)。

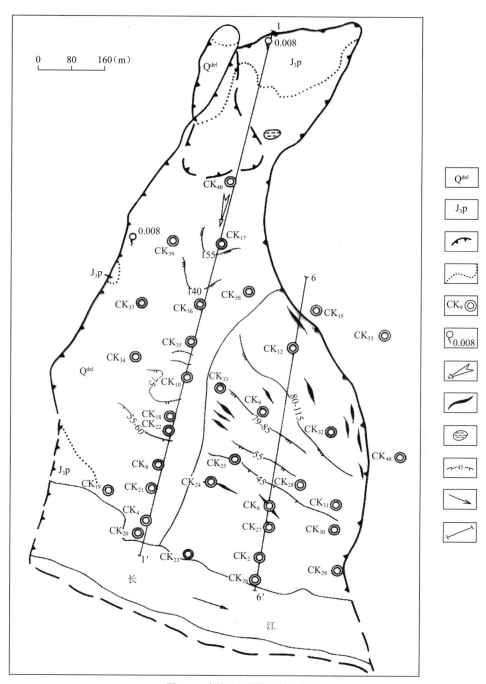

图 3-1　鸡扒子滑坡稳定性计算图

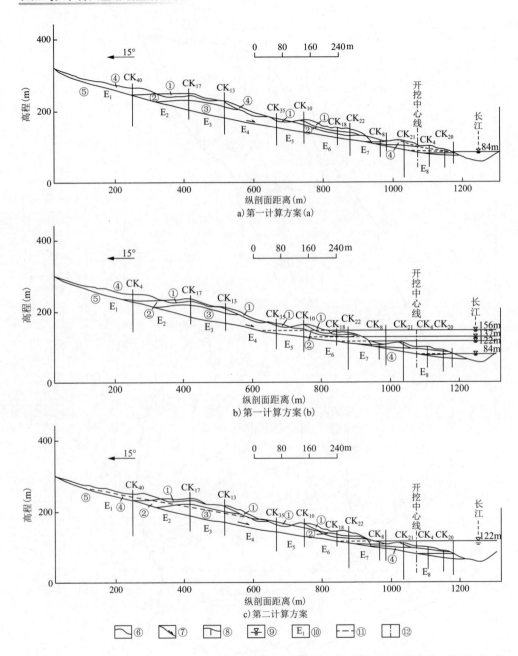

a) 第一计算方案(a)

b) 第一计算方案(b)

c) 第二计算方案

①-砂黏土;②-土夹碎块石;③-碎裂岩体;④-块碎石夹土;⑤-稳定基岩;⑥-滑坡岩体地面线;⑦-滑面带;⑧-钻孔;⑨-长江水位高程;⑩-计算滑块代号;⑪-地下水位;⑫-开挖中心线

图 3-2 鸡扒子滑坡 1-1′ 剖面稳定性计算图

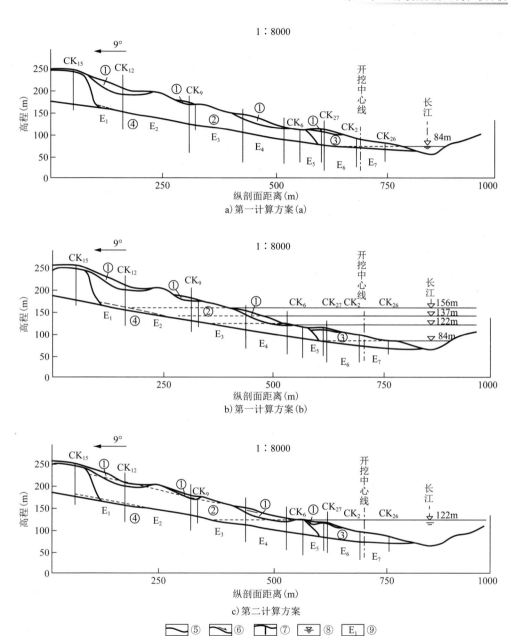

a) 第一计算方案(a)

b) 第一计算方案(b)

c) 第二计算方案

①-砂黏土;②-碎裂岩体;③-块碎石夹土;④-稳定基岩;⑤-滑坡岩体地面线;⑥-滑面(带);⑦-钻孔;⑧-长江水位高程;⑨-计算滑块代号

图 3-3 鸡扒子滑坡 6-6′剖面(参考)稳定性计算图

3.1.3　计算方法及计算公式

目前常用的边坡稳定性计算方法,按其依据的理论可分成极限平衡法和应力-应变法两类。前者基于库仑抗剪强度理论,应用比较方便,在工程设计中使用已有一百多年的历史,现今仍为常用的方法;后者是近几十年随数值分析理论的发展及计算机的应用而逐渐发展起来的新的计算方法,主要包括有限单元法、边界元法及和分法等。这类方法对各种因素的考虑比较全面、合理,但计算参数的选取常常难以满足精度要求,因而基本上仍处于由理论向实践的过渡阶段。故文中计算采用极限平衡法。极限平衡法包括多种方法,其中推力传递法在国内应用广泛,并已累积较丰富的经验,对抗滑工程设计而言具有较大的可靠性,因此,采用推力传递法进行滑坡稳定性计算。此外,为安全起见,还用块体极限平衡法进行验算。

1)推力传递法

推力传递法由我国铁道部提出,概念明确,计算也较为简便。它采用条分技术并假设滑体条块第 i 块对 $i+1$ 块的推力平行于第 i 块的底面。推力大小按下式计算:

$$\overline{E}_i = G_i \sin \alpha_i - \left(\frac{G_i \cos \alpha_i \cdot f_i}{K} + \frac{C_i l_i}{K} \right) + \overline{E}_{i-1} \psi_{i-1}$$

$$= T_i - \left(\frac{C_i l_i}{K} + \frac{N_i f_i}{K} \right) + \overline{E}_{i-1} \psi_{i-1} \tag{3-1}$$

$$\psi_{i-1} = \cos \left(\alpha_{i-1} - \alpha_i \right) - \frac{f_i}{K} \sin \left(\alpha_{i-1} - \alpha_i \right) \tag{3-2}$$

式中:$\overline{E}_i$——滑体第 i 块对第 $i+1$ 块的推力;

N_i、T_i——滑体第 i 块自重在垂直滑面及平行滑面方向的分力;

G_i——滑体第 i 块自重;

f_i——滑体第 i 块滑面上的摩擦系数;

C_i——滑体第 i 块滑面上滑带土的黏聚力;

l_i——滑体第 i 块滑面的长度;

α_i——滑体第 i 块滑面的倾角;

K——滑体的稳定系数。

式(3-1)右边第一项代表该条块自重引起的下滑力,第二项代表滑体条块本身的抗滑力,第三项则为上一条块传递的推力。计算由第一块开始,算至最后一块就可得 K 值的计算公式,但公式两边均含 K,故需用试算法或其他简化法进行计算。

上述公式仅考虑了滑体自重的影响,当边坡体受水作用时,稳定性计算还应考虑水的作用力。水对滑体的作用力主要有静水压力、浮力及动水渗透压力。静水压力作用于滑体中的隔水界面,浮力的动水渗透压力则存在于透水介质的滑体中。自然界中的滑体大多为透水体与隔水体的混合型,滑体内的渗流方式较为复杂,计算时应根据实际情况进行简化。鸡扒子滑坡原为一老滑坡,其滑体岩土体中节理、裂隙发育,其结构类型为块裂-碎裂型,因此,水文地质模型可简化成裂隙透水含水体,因而在稳定性计算中考虑浮力和动水渗透压力。

浮力的影响,用改变密度计算滑体自重,即计算滑体位于地下水位以下部分的自重时,计算密度用浮密度。

动水渗透压力用下式计算:

$$P_i = A_i \cdot \rho_w g \cdot \sin \beta_i \tag{3-3}$$

式中：A_i——滑体第 i 块位于浸润线以下部分的面积；

　　　ρ_w——水的密度；

　　　β_i——滑体第 i 块中浸润线的倾角；

　　　P_i——作用于滑体第 i 块中的动水渗透压力。

考虑水的作用力的推力计算公式如下:

$$\overline{E}_i = T_i + P_i \cdot \cos(\beta_i - \alpha_i) - \left\{ \frac{C_i l_i}{K} + \frac{f_i \left[N_i - P_i \cdot \sin(\beta_i - a_i) \right]}{K} \right\} + \overline{E}_{i-1} \cdot \psi_{i-1} \tag{3-4}$$

2)块体极限平衡法

该法假定,当滑体沿滑面达到极限平衡状态时,其条块分界面上的受力状态也达到极限平衡状态,即假定条块分界面上的切向力和法向力有如下关系:

$$x_i = \frac{C_{si} \cdot d_i}{K} + \frac{f_{si} \cdot E_i}{K} \tag{3-5}$$

其平衡方程由平衡条件推得如下:

$$E_i + \frac{f_{si}}{K} + N_i \cdot \left(\cos \alpha_i + \frac{f_i}{K} \cdot \sin \alpha_i \right) = G_i - \frac{C_i l_i}{K} \sin \alpha_i - \frac{C_{si} \cdot d_i}{K} + \frac{f_{si-1} \cdot E_{i-1}}{K} + \frac{C_{si-1} \cdot d_{i-1}}{K} \tag{3-6}$$

$$E_i + N_i \cdot \left(\frac{f_i}{K} \cdot \cos \alpha_i - \sin \alpha_i \right) = E_{i-1} \cdot \frac{C_i l_i}{K} \cdot \cos \alpha_i \tag{3-7}$$

式中：E_i、x_i——分别为第 i 个分块侧界面上的法向应力和切向应力；

　　　f_{si}、C_{si}——分别为滑体第 i 个分块界面上的摩擦系数和黏聚力；

　　　d_i——滑体第 i 个分块侧界面上的长度。

公式中仅考虑了自重的影响，当考虑水的作用力时，公式的修正与推力传递法类似。该法不仅考虑了滑面强度的影响，而且考虑了滑体裂面强度对滑体稳定性的影响，在理论上又进了一步。计算时仍需试算法，先估计一 K 值带入公式计算，至最后一块仅 N_i 未知，如两式给出相同的 N_i，则估计的 K 值即为稳定系数，如两式给出不同的 N_i 值，则调查估计的 K 值重新带入计算，直至其相等。

3）萨尔玛法

萨尔玛法是极限平衡方法的新发展，其原理同块体极限平衡法，采用非垂直条分法，适用范围较广。此外萨尔玛法还考虑了动荷载引起的水平力的影响，其平衡条件为：

$$K_c = \frac{a_n + a_{n-1} \cdot e_n + e_{n-2} \cdot e_n \cdot e_{n-1} + \cdots + a_1 \cdot e_n \cdot e_{n-1} \cdots e_1}{p_n + p_{n-1} \cdot e_n + p_{n-2} \cdot e_n \cdot e_{n-1} + \cdots + p_1 \cdot e_n \cdot e_{n-1} \cdots e_2} \tag{3-8}$$

$$P_i = Q_i \cdot G_i \cdot \cos\left(\varphi_{Bi} - \alpha_i\right) \tag{3-9}$$

$$S_i = C_{si} \cdot d_i - P_{wi} \cdot \tan\varphi_{si} \tag{3-10}$$

$$\alpha_i = Q_i\left[G_i \cdot \sin(\varphi_{Bi} - \alpha_i) + R_{i+1} \cdot \cos\varphi_i + S_{i+1} \cdot \sin(\varphi_{Bi} - \alpha_i - S_{i+1}) - S_i \cdot \sin(\varphi_{Bi} - \alpha_i - S_i)\right] \tag{3-11}$$

$$R_i = C_{Bi} \cdot b_i \cdot \sec\alpha_i - u_i \cdot \tan\varphi_{Bi} \tag{3-12}$$

$$Q_i = \sec\left(\varphi_{Bi} - \alpha_i + \varphi_{si+1}\right) \cdot \cos\varphi_{si+1} \tag{3-13}$$

式中：φ_{Bi}——滑体第 i 块底面的摩擦角；

$\quad C_{Bi}$——滑体第 i 块底面的黏聚力；

$\quad \varphi_{si}$——滑体分块第 i 个分界侧面上的黏聚力；

$\quad G_i$——滑体第 i 块自重；

$\quad K_c$——水平加速度系数；

$\quad P_{wi}$——作用在滑体第 i 个分块侧面上的静水压力；

$\quad u_i$——作用于第 i 块底面上的静水压力；

$\quad \alpha_i$——滑体第 i 个分块侧面与铅垂面夹角；

$\quad d_i$——滑体第 i 个分块侧面的长度；

$\quad b_i$——第 i 个条块底面水平方向的长度。

上述为隔水体模型对应的符号，如滑体为透水体，则

$$S_i = C_{si} \cdot d_i \tag{3-14}$$

$$R_i = C_{Bi} \cdot b_i \cdot \sec\alpha_i \tag{3-15}$$

$$\alpha_i = Q_i \cdot \left[G_i \cdot \sin(\varphi - \alpha_i) + R_i \cdot \cos\varphi_{Bi} + S_{i+1} \cdot \sin(\varphi_{Bi} - \alpha_i - S_{i+1}) - S_i \cdot \sin(\varphi_{Bi} - \alpha_i - S_i) - P_{Di} \cdot \cos\varphi_{Bi} - \alpha_i - B_{Ti} \right]$$

（3-16）

式中：P_{Di}——作用于滑体第 i 块中的动水压力；

　　　B_{Ti}——滑体第 i 块中浸润线倾角。

稳定性计算仍需用试算法，使算得的水平加速度系数与已知的水平加速度系数相等即可得所求之稳定系数。

3.1.4　计算指标选取

滑体岩土体的密度指标直接根据试验结果选取，滑带土的强度指标则根据滑带土力学性质试验成果、滑带土强度指标反算值及经验值等综合考虑选取。

1）密度指标选取

组成滑体的主要岩土为砂岩、泥岩和砂黏土。由试验结果统计得到滑体岩土单一密度值（表 3-1）。

单一土、石密度　　　　　　　　　　　　　　表 3-1

名称	天然密度 $\rho_{天}$（g/cm³）	饱和密度 $\rho_{饱}$（g/cm³）	水下密度 $r_{浮}$（g/cm³）
砂岩	2.60	2.60	1.60
泥岩	2.35	2.46	1.40
土	2.10	2.14	1.14

通过地质钻探查明：鸡扒子滑体由 4 个结构层组成，由地表向下依次为砂黏土层、土夹碎块石层、碎块石夹土层及层状碎裂岩体层。由钻孔岩芯可统计得出各结构层中各类土石所占的比例，再由表 3-1 所列的单一密度值，即可求得各结构层的综合密度值，计算中密度值时取该综合密度值的平均值（表 3-2）。

鸡扒子滑坡滑体、滑带土综合密度统计（单位：g/cm³）　　　表 3-2

滑坡分区	钻孔标号	滑 体 土								滑带土	
		砂黏土		土夹碎块石		碎块石夹土		层状碎裂岩体			
		天然	水下	天然	水下	天然	水下	天然	水下	天然	水下
中区	17	2.10	1.14	2.17	1.21			2.39	1.43	2.33	1.43
	13	2.10	1.14			2.44	1.45	2.55	1.57	2.22	1.25
	10	2.10	1.14			2.40	1.42	2.60	1.60	2.35	1.46
	18	2.10	1.14	2.20	1.24			2.32	1.39	2.17	1.20
	平均	2.10	1.14	2.19	1.23	2.42	2.44	2.47	1.50	2.27	1.34

滑坡分区	钻孔标号	滑 体 土								滑带土	
		砂黏土		土夹碎块石		碎块石夹土		层状碎裂岩体			
		天然	水下	天然	水下	天然	水下	天然	水下	天然	水下
东区	12	2.10	1.14					2.45	1.47	2.42	1.50
	9	2.10	1.14					2.55	1.56	2.35	1.46
	7	2.10	1.14	2.26	1.29	2.35	1.37			2.15	1.10
	平均	2.10	1.14	2.26	1.29	2.35	1.37	2.50	1.52	2.31	1.38
西区	11			2.20	1.24						
	14			2.23	1.25						
	16	2.10	1.14					2.30	1.33	2.10	1.14
全区平均值(计算采用指标)		2.10	1.14	2.12	1.25	2.40	1.41	2.45	1.48	2.26	

2)滑带土强度指标选取

（1)试验结果分析。

在鸡扒子滑坡工程地质勘察期间,进行滑带土扰动试样不同含水率状态下的固结快剪试验,其结果见表 3-3,还做了扰动试样似塑限及似液限状态下的固结快剪试验,其结果列于表 3-4。

表 3-3 中的结果说明:无论在东区、中区,其滑带土的抗剪强度指标均随含水率的增加而减小,含水率较小时,中区滑带土抗剪强度指标稍大于东区。而当含水率增至 22％时,两区滑带土抗剪强度指标很接近,中区滑带土抗剪强度指标平均值为(近液限):$\varphi_f=5°17'$、$C_f=10.3kPa$;$\varphi_r=4°9'$、$C_r=8kPa$。

表 3-4 的结果也反映出抗剪强度指标随含水率升高而减小的规律,其中似液限状态下试验值的平均值为:$\varphi_f=16°42'$、$C_f=12kPa$;$\varphi_r=14°33'$、$C_r=8.25kPa$。

注:滑坡滑动时,滑带土处于饱水状态,故仅讨论含水率较大时的试验值。

由上述分析可得,抗剪试验结果离散性较大,表 3-4 中的结果明显大于表 3-3 中所列的结果。故试验结果只作为强度指标取值的参考。

（2)强度指标反算值。

反算反映滑带抗剪强度指标的两个未知量,需要两条剖面联合才能求解,因而反算剖面除采用 1-1′及 6-6′滑前剖面外,还采用 1-1′剖面西侧 30m 处一平行剖面和 6-6′剖面东侧 30m 处一平行剖面,反算分两区进行,长江水位采用鸡扒子滑坡滑动时的实际水位,其高程为 122m。因滑坡发生时石板沟中的积水渗入滑体,使其达到近于饱水状态,故反算时地下水位采用其可能上升的最大高度,如图 3-4 所

鸡扒子滑坡新滑带重塑土抗剪强度指标

表3-3

采样位置	试样野外编号	土、石名称	含水率(%)	峰值 C_f (kg/cm²)	φ_f	残余值 C_r (kg/cm²)	φ_r	含水率(%)	峰值 C_f (kg/cm²)	φ_f	残余值 C_r (kg/cm²)	φ_r	含水率(%)	峰值 C_f (kg/cm²)	φ_f	残余值 C_r (kg/cm²)	φ_r	备注
中区	NWL-CK18	紫红色粉砾土	15.5	0.52	22°47'	0.43	22°47'	18.5	0.18	15°07'	0.16	12°24'	22.0	0.13	4°0'	0.10	4°0'	
	NWL-CK10-1	紫红色粉砾土	15.83	0.62	17°13'	0.52	12°57'	17.95	0.29	6°51'	0.2	7°07'	22.09	0.07	3°28'	0.03	2°52'	
	NWL-CK13-4	紫红色砂黏土夹泥岩块碎石	15.67	0.45	22°47'	0.34	19°17'	18.6	0.25	9°14'	0.18	7°33'	21.86	0.08	6°08'	0.06	4°26'	
	NWL-CK13-5	紫红色砂黏土夹泥岩块碎石	14.47	0.93	22°47'	0.85	20°48'	17.68	0.41	11°19'	0.3	10°45'	21.5	0.1	5°43'	0.08	4°0'	
中区平均值				0.63	21°10'	0.54	18°45'		0.35	10°30'	0.21	9°18'		0.103	5°17'	0.08	4°9'	
东区	NWL-CK7-1	紫红色粉砾土	15.57	0.68	16°26'	0.57	14°02'	18.03	0.32	6°17'	0.25	4°43'	20.99	0.08	5°09'	0.05	3°57'	
	NWL-CK9	紫红色粉砾土											21.5	0.04	5°53'	0.02	5°43'	
	NWL-CK9-5	紫红色粉砾土	14.6	0.68	16°21'	0.6	14°34'	18.59	0.22	7°07'	0.15	5°43'	22.47	0.08	3°26'	0.05	2°52'	
	NWL-CK12	紫红色粉砾土	15.0	0.98	19°17'	0.75	16°42'	18.5	0.45	17°13'	0.38	13°14'	22.0	0.15	5°09'	0.09	4°34'	
	NWL-CK15-3	紫红色粉砾土	14.59	0.88	14°26'	0.73	18°30'	17.48	0.29	11°10'	0.24	9°05'	20.62	0.11	4°34'	0.08	3°25'	
东区平均值				0.79	17°23'	0.64	15°6'		0.33	10°12'	0.26	8°13'		0.09	5°24'	0.05	4°47'	

注：过小或老滑带予以剔除未参与平均值计算。

鸡扒子滑坡滑带土似塑、液限固结抗剪试验结果

表3-4

钻孔编号	样品室内编号	滑带土名称	土的可塑性			似塑限固结抗剪				似液限抗剪				备注
			塑限 (%)	液限 (%)	塑性指数	峰值		残余值		峰值		残余值		
						C_f (kg/cm²)	φ_f	C_r (kg/cm²)	φ_r	C_f (kg/cm²)	φ_f	C_r (kg/cm²)	φ_r	
CK$_{39}$	S84048	紫红色砂质黏土	16.07	28.97	12.90	1.19	16°42'	1.09	15°39'					
CK$_{35}$	R84032	紫红色泥岩块石	14.57	25.18	10.61	0.87	14°34'	0.80	13°30'	0.12	18°16'	0.07	17°13'	
CK$_{22}$	S84081	角砾紫红色黏土	14.23	25.61	11.38	0.91	21°48'	0.83	17°45'	0.15	15°39'	0.12	14°34'	
CK$_{31}$	S84030	紫红色砾质黏土	16.36	29.55	13.19	0.80	17°13'	0.72	16°10'	0.10	15°39'	0.07	11°52'	
CK$_{28}$	S84046	紫红色黏砂土	15.25	28.2	12.95	0.81	21°18'	0.75	19°48'	0.11	17°13'	0.07	14°34'	
CK$_{24}$	S84031	紫红色砂砾土	14.10	22.96	8.86	0.78	12°02'	0.68	10°45'	0.12	16°42'			
平均值			15.53	26.80	11.24	0.89	17°16'	0.81	15°36'	0.12	16°42'	0.0825	14°33'	

示。反算采用的计算方法为推力传递法（如前述），反算剖面中的滑体结构及地面线均恢复至滑前状态，反算结果见表 3-5。目前最为人们信赖、最符合实际情况的抗剪试验结果是野外大型剪切试验结果。而滑面强度指标反算值相当于野外现场超巨型剪切试验结果，具有较高的可靠性，因而将反算值作为计算取值的依据。

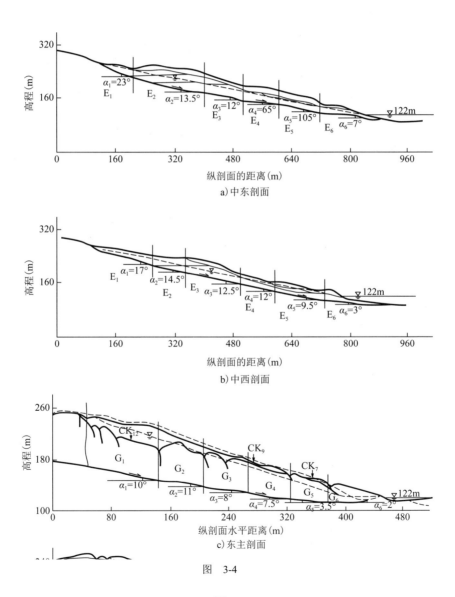

图 3-4

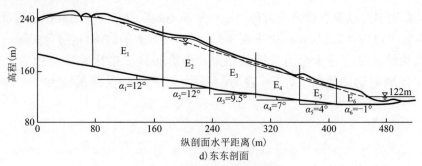

d)东东剖面

图 3-4 中区、东区反算剖面图

鸡扒子滑坡滑带土强度指标   表 3-5

反 算 值		计 划 采 用 值	
ρ	C（kPa）	ρ	C（kPa）
11°36'	34.4	10°20'	25
9°38'	131.9	10°20'	25

（3）经验值。

经验值法是一种定性估计方法。对于滑坡稳定性问题的初步简单评价或粗略估算往往具有事半功倍的效果，但有时与实际偏差较大。对于重大滑坡稳定性问题，经验取值仅作为参考数据。表 3-6 所列的数据是与鸡扒子滑坡滑带土类似的滑坡滑带土强度指标取值实例，其摘自《滑坡防治》一书，供计算采用强度指标取值时参考。其中 φ 值最大为 16°，最小为 5°。C 值介于 0～15kPa 之间。

滑带土强度指标对比表   表 3-6

滑 带 土	强 度 指 标		滑坡工点
	C（kPa）	ρ	
紫红色泥岩、页岩风化的砂黏土	10	6°40'	宝成线
紫红色泥岩、页岩风化的黏土	10	5°	宝成线
紫红色泥岩、页岩风化的粉色黏性土	5	10°	宝成线
紫红色砂黏土	10	6°	西南某线
紫红色黏土	10	13°	西南某线
紫红色泥岩、页岩风化物	0	16°	成昆线

（4）计算采用的滑带土强度指标。

由上述对强度指标试验值、反算值及经验值的分析，可根据强度指标反算值，参考试验值和经验值，计算时采用全区滑带土强度指标为：$\varphi=10°21'$、$C=25$kPa。

— 78 —

对于块体极限平衡法和萨尔玛法还需确定分块侧界面上的抗剪强度指标,通过稳定性验算证明:滑体分块侧界面上强度指标变化对鸡扒子滑体稳定性影响很小。因此,滑体分块侧界面上的强度指标仅根据经验值估计:$\varphi_f=18°$、$C=25$kPa（萨尔玛法）。

3.1.5 计算方案

滑坡稳定性的影响因素可分成自然因素和人为因素两类,稳定性计算方案应尽可能反映在两类因素的影响下,滑体所处的实际状态。

1）自然因素模拟

鸡扒子滑坡是由 1982 年 7 月云阳县地区连降暴雨引起,滑体内地下水位变化是滑体失稳的主要原因。滑体前缘长江水位的涨落、后缘沟谷因排泄受阻而积水等均能引起滑体内地下水位的变化,故制定的计算方案首先模拟不同排水方案及不同的长江水位变化时滑体所处的状态。

第一方案:排水设施有效,排水沟渠畅通,长江水位因上游降雨而发生变动,计算时采用的长江水位高程如下:

(1)84m——该地区长江枯水位;

(2)122m——鸡扒子滑坡产生时的长江水位;

(3)137m——1981 年特大洪水期,长江最高洪水位;

(4)156m——拟定三峡库区水位(回水水位)。

由滑坡钻孔地下水位长观资料可知:在排水设施正常工作时,当地降雨对滑体内地下水位的影响很小,计算时可以忽略。但滑体前缘部位的地下水位因受长江水位涨落影响变化较大。计算中采用的地下水位仅考虑长江水位的影响。

第二方案:当地出现暴雨,滑体斜坡上的排水设施被毁,排水沟渠受堵,后缘沟谷中的积水渗入滑体,使滑体内地下水位上升至最大高度,此时长江水位取 122m 高程。

2）人为因素模拟

主要模拟在人为因素影响下滑体所处的状态。鸡扒子滑坡部分滑体滑入长江,堵塞航道,严重阻航。为了改善通航条件,需进行工程开挖。依据河工模型试验,由长江航运局第一工程处提出航道整治工程设计,工程开挖范围:沿江长约 800m,平均宽度 120m,边坡开挖成两层台阶,其高程分别为 115m 及 77.5m,水上开挖 16.7 万 m³,水下开挖 7.68 万 m³。

为了模拟工程对滑体稳定状态的影响,制订了如下减载计算方案:

(1)减Ⅰ方案——模拟第一期应急工程开挖后滑体所处的状态。

(2)减Ⅱ方案——二期工程完成后滑体所处的状态。

将上述各项数据绘入剖面图即得计算剖面图（图 3-2 和图 3-3）。图中地面线为野外实测所得，滑体结构及滑面埋深等数据均由钻孔资料确定。

3.1.6 计算结果分析及稳定性评价

用上述计算方法，计算指标等数据，算得各方案的稳定系数，见表 3-7。

鸡扒子滑坡稳定性计算成果表　　　　　表 3-7

排水	剪出口（m）	工程	K	剖面							
				1-1′				6-6′			
			长江水位（m）	84	122	137	156	84	122	137	156
排水有效	98	现状	K_1	1.1532	1.1077	1.1022	1.0951				
			K_2	1.2117	1.194	1.181	1.1755				
			K_3	1.1816	1.1121	1.0873	1.0516				
	70~80	减 I	K_1	1.2675	1.2051	1.2056	1.204	1.3587	1.3531	1.3624	1.3917
			K_2	1.285	1.242	1.240	1.2365	1.3405	1.3405	1.3488	1.3732
			K_3	1.1911	1.1092	1.090	1.0522	1.2621	1.0810	1.0375	0.9913
		减 II	K_1	1.2612	1.1992	1.1986	1.1978	1.3497	1.3473	1.3563	1.385
			K_2	1.2715	1.228	1.228	1.2265	1.336	1.3375	1.346	1.37
			K_3	1.1878	1.1051	1.0854	1.0463	1.2546	1.0785	1.0373	0.9812
		现状	K_1	1.2842	1.2135	1.2142	1.2123	1.3588	1.3532	1.3625	1.3918
			K_2	1.308	1.255	1.254	1.253	1.3415	1.3414	1.35	1.374
			K_3	1.1974	1.1171	1.0933	1.0636	1.2657	1.0888	1.0456	0.9951
	110	现状	K_1	1.0991	1.0398	1.089	1.0765				
			K_2	1.198	1.186	1.17	1.163				
			K_3	1.1740	1.0786	1.0305	0.9899				
排水失效	98	现状	K_1	0.868							
			K_2	0.9129							
			K_3	0.8384							
	70~80	现状	K_1	0.9871							
			K_2	1.0536							
			K_3	0.924							
		减 I	K_1	0.9722							
			K_2	1.027							
			K_3	0.9191							
		减 II	K_1	0.9709							
			K_2	1.012							
			K_3	0.8826							

续上表

剪出口(m)	工程	剖面	1-1′				6-6′			
排水		长江水位(m)	84	122	137	156	84	122	137	156
		K								
排水失效	110	现状	K_1		0.8489					
			K_2		0.929					
			K_3		0.8218					

注:K_1 为推力传递法算得结果;K_2 为块体极限平衡法算得结果;K_3 为萨尔玛法算得结果

①-砂黏土;②-砂黏土夹块石;③-层次碎裂岩;④-稳定基岩;⑤-地面线;⑥-滑面;⑦-钻孔;⑧-长江水位;⑨-滑块代号;⑩-地下水位

1)计算结果分析

从表 3-7 所列的稳定性计算结果,可得出如下特征:

(1)对于 1-1′ 剖面用三种方法算得的结果尽管数值上有差异,但其反映的规律基本相同,而且数值相差也不显著。6-6′ 剖面用三种方法算得的结果相差较大,其反映的长江水位对稳定系数的影响规律也不相同,但总的来说,一般情况下 6-6′ 剖面的稳定系数大于 1-1′ 剖面的稳定系数。故稳定性分析评价,主要依据 1-1′ 剖面的计算结果。

(2)排水正常时,算得的滑体稳定系数均大于 1,且随长江水位的上涨而减小。滑体稳定系数与长江水位的动态关系曲线如图 3-5 所示,图中仅绘出 80m 高程剪出时"减Ⅱ"及"现状"两种状态的 K-H 关系曲线,其余类似者从略,图 3-5 中曲线表明,长江水位在 120m 高程以下时,稳定系数随长江水位变化的速率快;长江水位高于 120m 高程时,其变化速率渐慢。滑体前缘为抗滑段,长江水位初始上升时使抗滑段有效重量减小,则稳定系数减小,当长江水位上升一定高程后,则不仅使抗滑段有效质量减小,而且也使滑动段滑体有效质量减小,两者影响相互抵消,稳定系数变化不明显。

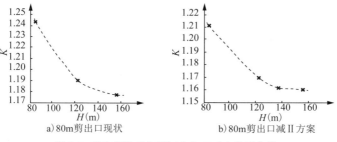

a)80m剪出现状　　　　　　b)80m剪出口减Ⅱ方案

图 3-5　稳定系数 K 与长江水位 H 动态关系曲线

残余强度重复剪切试验结果，如图 3-6 所示。

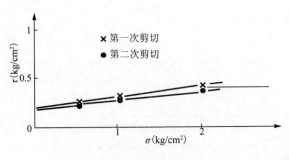

图 3-6　残余强度重复剪切试验结果

（3）第二方案稳定系数均小于 1 表明：滑体后缘沟谷充水使滑体内地下水位上升是影响滑体稳定的决定性因素。

（4）采用不同的滑面剪出口计算得到的稳定系数不同，其中 110m 剪出口的稳定系数最小，70～80m 高程剪出口的稳定系数最大，证明滑体前缘为抗滑段，如滑体重新滑动，则沿 110m 高程剪出口首先剪出的可能性最大。

（5）$K_{现状} > K_{减 I} > K_{减 II}$，开挖工程使滑体稳定性降低，稳定系数随开挖数量的增加而减小，滑体前缘为抗滑段，因而工程开挖使滑体稳定系数减小。

2）稳定性评价

由稳定性计算结果，对其分析可以得出：

（1）排水正常时，无论长江水位高低、当地是否降雨，滑体均处于稳定状态。

（2）当地出现暴雨，如滑体斜坡上的排水设施失效、排水沟渠受堵、积水渗入滑体，则鸡扒子滑坡有可能再次发生活动。

（3）长江航道整治开挖工程应严格按设计施工。超设计大方量开挖，滑体稳定程度将会受到较大影响，甚至重新滑动。

3.2　宝塔老滑坡稳定性计算与评价

鸡扒子滑坡是宝塔老滑坡的部分复活，宝塔老滑坡的稳定与否不仅影响鸡扒子滑坡目前的稳定性，还直接关系长江航运能否安全畅通。因而，其稳定性研究是鸡扒子滑坡稳定性研究的重要内容之一。

工程地质勘察查明:宝塔滑坡的主轴剖面为 2-2′剖面(图 3-7),稳定性计算剖面除采用该剖面外,为了方便对比,还选择 3-3′剖面作为辅助计算剖面(图 3-8)。滑面仍采用老滑面,其埋深、剪出口及滑体结构等均由钻孔资料确定。宝塔老滑坡和鸡扒子滑坡原属一体,其所处的自然环境及地质背景基本相同,故稳定性计算方案与鸡扒子滑坡模拟自然因素的方案相同(宝塔老滑坡受人为因素的影响较小),计算所用的方法也与鸡扒子滑坡相同。

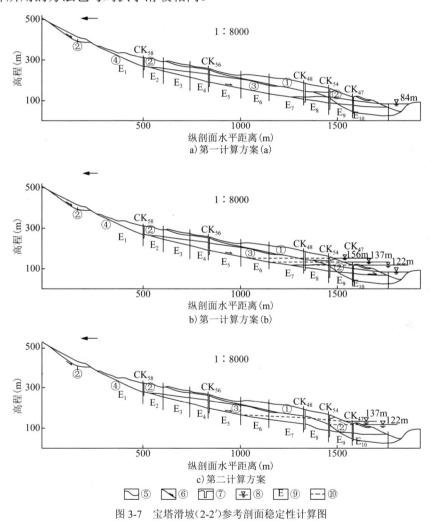

a) 第一计算方案(a)

b) 第一计算方案(b)

c) 第二计算方案

图 3-7 宝塔滑坡(2-2′)参考剖面稳定性计算图

①-砂黏土;②-砂黏土夹块石;③-层次碎裂岩;④-稳定基岩;⑤-地面线;⑥-滑面;⑦-钻孔;⑧-长江水位;⑨-滑块代号;⑩-地下水位

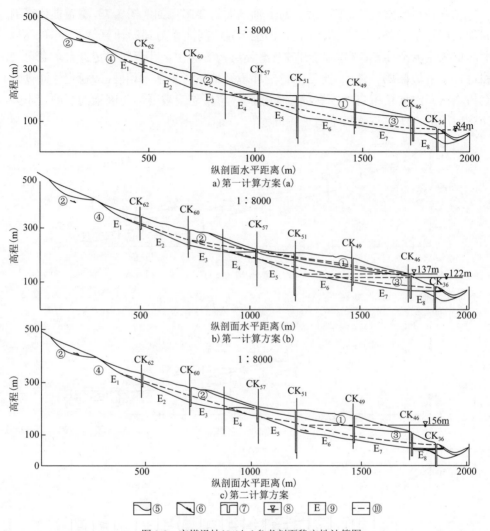

图3-8　宝塔滑坡(3-3′)参考剖面稳定性计算图

①-砂黏土；②-砂黏土夹块石；③-层次碎裂岩；④-稳定基岩；⑤-地面线；⑥-滑面；⑦-钻孔；⑧-长江水位；⑨-滑块代号；⑩-地下水位

1)计算指标选择与稳定性计算

计算指标主要指滑体密度指标和滑面抗剪强度指标。密度指标选取方法与鸡扒子滑坡稳定性计算指标相同。抗剪强度指标选择较为困难，因为老滑坡无法进行强度指标反算，而且强度试验结果离散性大。最初仅根据1984年详勘阶段的重塑试样似塑限固结快剪试验结果(表3-8)，取计算采用的强度指标：

宝塔、桐子林滑坡滑带土固结抗剪强度指标　　表3-8

钻孔编号	样品室内编号	滑带土名称	土的可塑性			似塑限抗剪				似液限抗剪				备注
			塑限(%)	液限(%)	塑性指数	峰值 C_f (kg/cm²)	ρ_f	残余值 C_r (kg/cm²)	ρ_r	峰值 C_f (kg/cm²)	ρ_f	残余值 C_r (kg/cm²)	ρ_r	
CK62-1	S84053	紫红色砾质黏土	13.19	22.08	8.89	0.89	18°47'	0.82	16°10'	0.15	22°18'	0.12	19°17'	
CK60-1	S84078	紫红色粉质黏土	14.87	26.64	11.77	0.84	26°34'	0.72	25°10'	0.13	18°16'	0.11	16°42'	
CK6-10	S84084	紫红色砾土	16.08	28.14	12.06	1.11	21°18'	1.05	19°17'	0.13	15°39'	0.11	13°30'	
CK58	S84083	紫红色砾土	16.01	27.76	11.75	0.75	25°10'	0.68	21°48'	0.11	17°45'	0.08	16°26'	
CK59	S84052	紫红色砂质黏土	16.12	30.96	14.84	0.96	19°17'	0.89	16°10'	0.08	20°18'	0.03	17°13'	桐子林滑坡未参与平均值
CK45物1	S84044	紫红色砂砾黏土	13.4	25.4	11.98	0.8	25°10'	0.77	23°16'					
CK45物2	S84045	紫红色泥砾土	13.52	23.71	10.25	0.85	25°10'	0.79	24°42'					
CK51-1	S84074	紫红色砾质黏土	14.31	23.13	18.81	0.64	19°18'	0.56	8°47'	0.2	16°10'	0.17	15°7'	
CK53-6	S84075	紫红色砾质黏土	15.56	25.80	10.24	0.54	65°1'	0.43	6°17'	0.13	13°30'	0.10	11°52'	
CK53-7	S84076	紫红色砾质黏土	13.90	24.47	10.57	0.91	16°10'	0.84	15°07'	0.15	16°10'	0.13	14°02'	
CK5-12	S84082	紫红色泥砾土	15.59	28.42	12.83	0.70	15°07'	0.60	12°57'	0.11	17°47'	0.08	16°26'	
CK57-5	S84077	紫红色泥砾土	13.79	24.70	10.91	0.78	12°24'	0.70	10°45'	0.16	14°34'	0.13	14°02'	
CK48-2	S84049	紫红色黏土	13.14	25.33	12.19	0.87	16°10'	0.80	12°34'	0.09	20°18'	0.03	17°13'	
CK49	S84093	紫红色少量砾黏土	15.55	26.57	11.02	1.22	11°19'	1.15	10°12'	0.10	21°18'	0.08	17°13'	
CK52-1	S84051	紫红色砾质黏土	15.07	28.51	13.44	0.95	17°17'	0.84	18°47'	0.10		0.13	17°13'	
CK41	S84019	紫红色砾黏土	15.82	26.09	10.27	0.63	11°19'	0.55	9°05'	0.10	19°17'	0.04	18°47'	
CK42	S84031	紫红色砂砾黏土	19.37	29.37	9.91	0.64	6°51'	0.57	4°34'	0.13	18°16'	0.07	15°38'	
平均值			14.54	26.10	12.10	0.85	18°24'	0.71	16°16'	0.13	17°50'	0.098	15°45'	

$\varphi=16°$、$C=0.7kg/cm^2$（表3-9），用表3-9中的计算指标算得的稳定系数见表3-10，从表中可看出最小的滑体稳定系数为1.278（防渗法、排水失效时），很显然，如用该结果进行评价，滑体处于稳定状态，且稳定程度较高。

滑带、滑体土计算采用指标 表3-9

项目及指标				滑带土	滑体土	备注
残余抗剪强度试验平均值	似塑限含水状态		C_r（kg/cm²）	0.71		
			φ_r	16°16′		
	似液限含水状态		C_r（kg/cm²）	0.098		
			φ_r	15°15′		
采用指标	计算指标		C（kg/cm²）	0.7		
			φ	16°		
	密度(g/cm³)	砂黏土	天然状态		2.14	
			饱和状态		2.21	
采用指标	密度(g/cm³)	砂黏土夹碎块石	天然		2.19	
			饱和		2.25	
		层状碎裂岩	天然		2.41	
			饱和		2.46	

宝塔滑坡稳定系数计算结果 表3-10

方案	剖面 长江水位(m) K	2—2′				3—3′				备注
		84	122	137	156	84	122	137	156	
Ⅰ	K_1	1.6467	1.4881	1.4863	1.4916	1.945	1.9458	1.8747	1.8821	K_1用推力传递法计算；K_2用极限平衡法计算；K_3用防渗法计算
	K_2	1.4382	1.432	1.381	1.325	1.7898	1.6919	1.7075	1.6474	
	K_3	1.8393	1.7541	1.7189	1.6584	1.8491	1.801	1.7808	1.7371	
Ⅱ	K_3		1.2856	1.278			1.6713	1.7046		
	K_4		1.2155	1.1557			1.4061	1.4368		
	K_5	1.5673	1.3207	1.2876	1.2458	1.6619	1.427	1.4036	1.3727	

1983年，初勘阶段所做的老滑带土强度实验结果见表3-11，饱和水固结快剪试验结果平均值为：$\varphi=10°42′$、$C_f=0.22kg/cm^2$，$\varphi_r=8°24′$、$C_r=0.18kg/cm^2$。该值明显小于表3-8的结果，因而，仅根据表3-9中的试验结果选取计算采用的强度指标有些欠妥。前述宝塔老滑坡和鸡扒子滑坡原属一体，滑带的物质成分、结构基本相同，强度指标宜用类比法取值。

老滑带土强度实验结果

表 3-11

试样野外编号	采取位置	土样类型	土石名称	峰值 C_r(kg/cm²)	峰值 φ_f	残余值 C_r(kg/cm²)	残余值 φ_r	峰值 C_f(kg/cm²)	峰值 φ_f	残余值 C_r(kg/cm²)	残余值 φ_r	备注
NWL-1（1）	石板沟	原状土	紫红色黏土	0.40	15°23'	0.30	14°34'	0.22	10°12'	0.15	7°24'	
NWL-1（2）			紫红色黏土	0.67*	13°54'*	0.61*	11°24'*	0.64*	3°12'*	0.53*	2°06'*	
NWL-7-1			紫红色黏土	0.91	29°28'	0.59	27°54'	0.66	12°24'	0.49	9°05'	1.*为成都地质学院试验值；△为长春地质学院试验值。
NWL-7-2			紫红色砂黏土	1.30*	25°30'*	1.02*	19°0'.	0.83*	22°30'*	0.6*	18°0'	2.②近液限含水率固结快剪；③为饱和固结快剪。
NWL-7-4			紫红色粉质黏土	0.6△	15°0'△	0.45△	14°48'△	0.4△	15°0'△	0.36△	14°18'△	3.表中的下划线为不参与平均值部分
NWL-9-1			紫红色砾黏土	0.48	14°18'	0.41	75°57'					
NWL-9-2			紫红色黏土	0.14*	11°54'*	0.47*	9°57'*	0.6*	15°21'*	0.51*	9°12'*	
NWL-9-（4）			紫红色砂黏土	0.18△	23°12'△	0.16△	13°36'△	0.16△	18°36'△	0.13△	10°24'△	
NWL-10-物力			黄色黏土	0.69	25°10'	0.46	14°34'	0.57	21°18'	0.35	13°30'	
平均值				0.66	19°19'	0.50	16°18'	0.45	15°29'	0.33	10°39'	
NWL-2（1）	石板沟	重塑土	紫红色黏土	0.27	5°09'	0.22	3°09'	0.19	8°32'	0.13	6°51'	
NWL-2（2）			紫红色砂黏土					②0.15*	12°0'*	0.12*	8°0'*	
NWL-3（1）			紫红色砂黏土	0.84	23°31'	0.77	20°48'	0.25	3°26'	0.20	2°17'	
NWL-4（1）			紫红色黏土	1.40	24°10'	0.85	21°18'	0.43	7°58'	0.34	6°51'	
NWL-4（3）			紫红色砂黏土					②0.10* ③0.25△	10°0'* 10°0'△	0.05* 0.25△	10°0'* 10°0'△	
NWL-4（4）			黄色黏土					0.22	10°42'	0.18	8°24'	
平均值				1.12	23°51'	0.81	21°06'	0.22	10°42'	0.18	8°24'	

宝塔老滑坡滑带土在滑动后经历了一定时间的固结,结构部分恢复,颗粒间有一定的结构黏结。鸡扒子滑坡滑带土结构刚刚遭到破坏,加之滑动次数增加,使滑面附近的部位黏粒含量增加,岩屑及黏土颗粒定向程度增高,强度降低,因而可以认为宝塔老滑坡滑面强度稍大于鸡扒子滑坡。

对滑带土重塑试样残余强度进行重复剪切试验。试验时先将试样剪断模拟滑动破坏。第一次剪切 $\varphi=8°$、$C=0.23\text{kg/cm}^2$。第二次剪切 $\varphi=6°$、$C=0.22\text{kg/cm}^2$。以后几次剪切指标变化很小,前两次剪切,摩擦角变化 $2°$,黏聚力变化较小。就试验结果的数值来说,有些偏小,可能是由试验条件所限,但两个结果之差刚好使这种影响抵消,因此两次剪切的强度指标变化值可以信赖。

由上述分析并基于鸡扒子滑坡稳定计算强度指标取值,取 $\varphi=13°$,$C=0.25\text{kg/cm}^2$,作为宝塔老滑坡稳定计算采用的强度指标。用该指标计算得到的宝塔滑坡稳定系数见表3-12。当排水正常时,计算得到的稳定系数均大于 1.18,滑体稳定;当排水失效时,稳定系数随长江水位上升而减小,趋于极限平衡状态。

计算得到的宝塔滑坡稳定系数 表3-12

剖面	排水	长江水位(m) / K	84	122	137	156
3–3′	有效	K_1	1.2910	1.1942	1.1936	1.1898
		K_3	1.3851	1.3241	1.2969	1.2464
	失效	K_1		1.0173	1.0139	
		K_3	1.2560	1.0620	1.0314	1.0266
2–2′	有效	K_1	1.4280	1.4120	1.3982	1.3968
		K_3	1.4173	1.3208	1.2777	1.2084
	失效	K_1		1.2722	1.1125	
		K_3	1.2231	1.0484	0.9738	0.9261

2)稳定系数与滑带抗剪强度指标的关系

滑面强度的指标是决定滑坡稳定的最基本因素之一,滑面强度指标是随环境条件变化的变量,不同状态,强度指标不同。如做出稳定系数与滑面抗剪强度指标的关系曲线,就能明显看出强度指标变化对稳定系数的影响,为此按下述方案进行计算:

（1）长江水位取 122m 高程,滑面黏聚力 $C=0.25\text{kg/cm}^2$,φ 分别取 $9°$、$11°$、$13°$、$15°$,计算排水正常及排水失效两种状态下两个剖面的稳定系数。

（2）长江水位取 122m 高程,滑面摩擦角 $\varphi=13°$ 、C 分别取 0、0.15、0.25、0.35kg/cm²,分别计算两种排水状态下两个剖面的稳定系数。

（3）长江水位取 156m 高程,$C=0.25$kg/cm²,φ 分别取 9°、11°、13°、15°,计算排水有效及失效两种状态下两个剖面的稳定系数,计算结果见表 3-13,由此绘出的动态关系曲线如图 3-9 和图 3-10 所示。动态曲线表明:稳定系数与强度指标 φ、C 成正比关系。用动态关系曲线在强度指标改变的情况下,对初始计算结果进行修正,不需重新进行计算,即可得到新取强度指标的稳定系数。其方法如下:先分别从 K-C、K-φ 曲线上查明强度指标 C、φ 的变化值所引起稳定系数的变化值,用该值对初始计算所得的稳定系数进行修正,即可得到要求的结果。

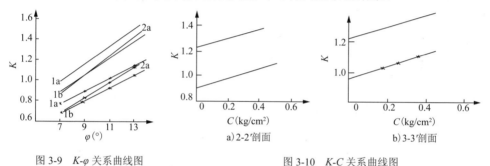

图 3-9 K-φ 关系曲线图

图 3-10 K-C 关系曲线图

a) 2-2′剖面　　　　　b) 3-3′剖面

2-2′ 剖面 K-φ、K-C 相关计算结果表　　表 3-13a）

K＼条件＼φ	长江水位122m 排水 C=0.25 kg/cm²	122m 长江 水位 C=0.25 kg/cm²	156m 排水 C=0.25 kg/cm²	156m 长江 水位 C=0.25 kg/cm²	K＼条件＼C (kg/cm²)	长江水位122m 排水 C=0.25 kg/cm²	122m 长江 水位 C=0.25 kg/cm²
9°	1.0763	0.7709	0.8744	0.6801		1.2205	0.9031
11°	1.1543	0.8870	1.0400	0.7988	0.15	1.2792	0.9640
13°	1.3207	1.0636	1.2084	0.9261	0.25	1.3189	0.9910
15°	1.4904	1.1299	1.3799	1.0440	0.35	1.3578	1.0457

3-3′ 剖面 K-C、F-φ 相关计算结果表　　表 3-13b）

K＼条件＼φ	长江水位122m 排水 C=0.25kg/cm²	122m 长江水位 C=0.25kg/cm²	C (kg/m²)＼条件＼K	长江水位122m 排水 φ=13°	122m 长江水位 φ=13°
9°	0.9550	0.7763		1.2182	0.9529
11°	1.1382	0.9179	0.15	1.2817	1.0183
13°	1.3241	1.0620	0.25	1.3241	1.0620
15°	1.5132	1.2086	0.35	1.3665	1.1058

3)宝塔老滑坡稳定性评价

分析上述计算结果可知：宝塔老滑坡处于稳定状态，不会对鸡扒子滑坡的稳定性产生不良影响。

3.3 桐子林老滑坡稳定性计算与评价

桐子林老滑坡位于宝塔老滑坡后缘上方的斜坡上。1982年鸡扒子滑坡滑动就是由该滑体西侧部分滑体在暴雨作用下产生局部坍崩，将起排水作用的石板沟堵塞引起的。鸡扒子滑坡滑动后，桐子林滑体前缘形成一倾角约为45°的陡坡，顶端可见张裂隙。如该滑体失稳，很可能引起较低处的鸡扒子滑坡复活。现通过稳定性计算，评价其稳定状态及对鸡扒子滑坡的影响。

桐子林老滑坡稳定性计算仍采用其主轴剖面作为计算剖面，同时又选取辅助计算剖面，如图3-11、图3-12所示。计算方法仅用推力传递法，计算指标同宝塔老滑坡稳定计算（通过类比：其滑面的物质成分、结构、所处的环境均相同）。

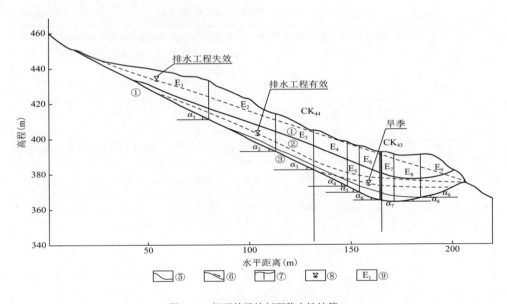

图 3-11 桐子林滑坡剖面稳定性计算

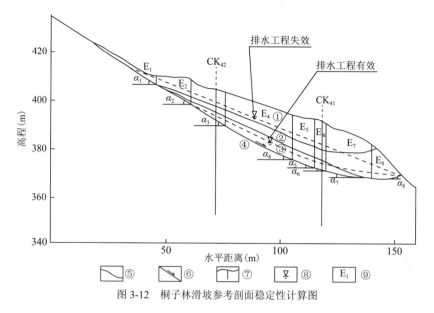

图 3-12　桐子林滑坡参考剖面稳定性计算图

①-砂黏土夹块碎石；②-似层状碎裂层；③-滑带土；④-稳定基岩；⑤-地形线；⑥-滑面；⑦-钻孔；⑧-地下水位；⑨-滑块代号

1）稳定性计算方案

桐子林老滑坡受人为因素影响较小，可忽略。由于历史上遭到坡体滑动破坏及风化、卸荷作用，滑体上节理、裂隙非常发育，易于接受降雨及地表径流水的渗入。因此，地下水变化是影响滑体稳定的重要因素。稳定性计算方案主要是模拟水位变化时滑体所处的状态。

（1）第一方案：旱季，滑体中地下水位降至最低水位高程（1984 年旱季，钻孔地下水位实测高程均低于滑面），计算时不考虑水的作用。

（2）第二方案：当地降暴雨，排水正常，地下水位采用雨季钻孔地下水位观测值。

（3）第三方案：当地降暴雨，排水沟渠受堵，积水渗入滑体，滑体中地下水位上升至上限高度。

按此计算方案计算得到的结果列于表 3-14。由该表可知：稳定系数随地下水位升高而急剧减小，排水失效时对稳定系数影响最大，稳定系数均大于 1。

计 算 结 果　　　　　　　　　　　　　　　　　　　　表 3-14

稳定系数	计算方案　剖面	旱季	雨季	
			排水有效	排水失效
K	主轴剖面	1.6232	1.4675	1.0945
	辅助剖面	1.9831	1.9107	1.688

2)稳定性评价

一般情况下桐子林老滑体处于稳定状态,对鸡扒子滑坡无不良影响。

遇暴雨时,如桐子林滑坡体上的排水沟渠受堵,积水渗入滑体,其稳定程度急剧降低,前缘陡坡部位可能会产生局部坍崩,对位于其下部的鸡扒子滑坡产生一定影响。

3.4　本章小结

通过对三个相关滑坡稳定性的分析研究,可得出如下结论:

(1)鸡扒子滑坡在一般情况下处于稳定状态。

(2)地下水作用是影响其稳定的主要因素。

(3)鸡扒子滑坡前缘江边地带航道整治开挖工程严格按设计施工。

(4)保证滑体稳定的最有效工作是完善斜坡上的排水工程,并解决菜农供水系统。

(5)宝塔老滑坡和桐子林老滑坡目前处于稳定状态,对鸡扒子滑坡无不利影响,但若遇到暴雨,排水受阻,则桐子林滑体前缘可能会发生局部坍崩,需作适当的削坡处理。

第4章 河工模型试验

4.1 模型设计与验证

4.1.1 模型设计

河工模型设计是以相似原理为基础,结合试验河段的特性、试验要求和实验室条件等,确定适当的模型比尺。定床模型以研究水流运动为主,各种比尺要同时满足重力相似和阻力相似的要求。

1)设计所依据的资料

(1)地形资料。试验河段上起二郎滩下至擀面滩,全长约 5.5km。制模采用 1982 年 10 月—11 月施测的江床地形图,考虑抢险工作后河床形态的变化,模型滩段地形(三星沱—宝塔沱)按 1983 年 3 月抢险施工竣工图制作。

(2)水文资料。原型各级水位的水面线、流速、流态等水文资料由长江航道一处测量队观测提供,相应流量用试验河段固定水尺(模型 15 号水尺)水位与万县、奉节水文站水位相关推求。

(3)河床糙率由原型实测水文资料和江床地形计算而得,其变化幅度在 0.035~0.063 之间。

(4)要求设计水深不小于5m,航宽不小于80m。

(5)消滩指标,即标准船队自航上滩时所能克服的临界坡降、流速数值。

①标准船队:

要求用两种船队进行比较:

a. 一艘功率为 2640 匹(1980kW)推轮顶推 2 个千吨驳和 1 个 300 吨驳,实际载质量为 1250t。

b. 一艘相同功率推轮顶推 1 个千吨驳和 1 个 800 吨驳,实际载质量为 1600t。

②消滩时的坡降、流速：

上述两种标准船队确定后，按水流和水面坡降阻力，计算得到船队自航上滩的临界坡降、流速，具体见表 4-1。

临界坡降和流速　　　　　　　　　　　　　　表 4-1

船队		a				b			
队形		2640HP（图示队形）				2640HP（图示队形）			
载质量		1 个 1000 吨驳载 1000t，1 个 100 吨驳为空载，300 吨驳载 250t，总载质量为 1250t				1000 吨驳载 1000t，800 吨驳载 600t，总载质量 1600t			
消滩指标	$I(‰)$	1.4	2.7	3.6	4.4	1.6	3.0	3.8	4.5
	v(m/s)	4.4	3.9	3.5	3	4.4	3.9	3.5	3.0

2）模型比尺的确定

试验河段处于高山峡谷地带，河床由岩石组成，河谷深窄，横断面呈"V"形，洪水时河宽 400~600m，枯水时河宽仅 100~200m，水深多在二三十米以上，即使滑坡后河床堆积，其最小水深也近 10m。结合本滩的水流特性、试验要求及船模应用条件，并考虑实验室场地、供水能力等，确定采用 1∶100 定床正态模型，其各项比尺按相似理论推求如下

$$\lambda_H = \lambda_L = 100$$
$$\lambda_V = \lambda_H^{1/2} = 10$$
$$\lambda_Q = \lambda_H^{5/2} = 100000$$
$$\lambda_n = \lambda_H^{1/6} = 2.15$$

模型糙率为

$$n_m = \frac{n_p}{\lambda_n} = 0.016 \sim 0.029$$

式中：λ_H、λ_L——垂向比尺、平面比尺；

λ_V、λ_Q、λ_n——流速、流量、糙率比尺。

— 94 —

4.1.2　模型验证

比尺选定后，按几何相似的要求制作模型，但模型水流与原型是否相似，还须通过验证试验来检验。

定床模型的糙率主要取决于模型表面粗糙程度，也与河床地形有关。根据试验河段的具体情况，加糙方法分别采用筛径为 3~18mm 的小卵石梅花形排列，其卵石筛径为 15mm，间距 60~70mm。

验证试验是在河床几何形态相似的基础上进行的，并以原型实测资料作为检验模型水流是否相似的依据。试验河段为枯、中、洪常年急流滩，从零水位至零上 30m 左右均碍航，试验的水位幅度较大，依当时资料情况，选择 5 个水位进行验证，相应流量见表 4-2。

航行水尺水位及对应流量　　　　　　　　　　　　表 4-2

航行水尺水位（m）	1.14	4.75	7.80	12.15	22.00
流量（m³/s）	3810	5700	8100	11950	26300

1）水面线验证

验证河段左、右两岸共设置 8 对水尺（其中滩段 5 对）各级水位水面线验证情况见表 4-3。

模型水位与原型之差一般小于 0.1m，滩段落差基本一致，个别水尺因受局部地形及不同水位期原型水尺位置变动的影响，略大于 0.1m。另外 1 号和 2 号水尺受模型进口段长度限制与原型有一定出入，但距滩段较远，对其影响不大。

2）流速验证

模型流速为小型螺旋桨流速仪所测得的表层流速，原型均是浮标测得的表层平均流速，二者有一定差别，只能做粗略对比。现以滑坡后形成的 I、II、III 道坝，比较各级水位下流速分布，进行验证，结果表明：模型断面流速分布与原型基本一致，其差值一般为 0.2~0.3m/s。

3）流态验证

试验河段流态极乱。低水期 I 坝以下两边为大片洄流泡漩区，中间一线剪刀水，水舌长达 200m 以上，浪高在 1m 左右；洪水期该滩上口水陡流急，北岸水坝斜流很强，南岸三星沱洄流泡漩汹涌，对航道危害极大。模型验证过程中，对各种特征流态的位置、大小、强弱等进行了测量描绘，再与原型观测资料对比，并邀请熟悉试验河段情况的驾引、绞滩、勘测、设计人员来观看模型放水，大家一致认为模型水流流态与原型相似。

表 4-3

试验河段模型水面线验证表（单位：m）

航行水位及流量	类别	左岸								右岸							
水尺号		1	3	5	7	9	11	13	15	2	4	6	8	10	12	14	16
H=1.14m Q=3810m³/s	原型	85.20	85.09	85.09	84.63	84.05	84.16	84.20	83.89	85.18	85.08	85.06	84.72	84.34	84.09	84.12	83.98
	模型	85.37	85.20	85.14	84.55	83.96	84.16	84.21	83.89	85.36	85.13	85.14	84.66	84.25	84.09	84.19	83.98
	差值	0.17	0.11	0.05	-0.08	-0.09	0.00	0.01	0.00	0.18	0.05	0.08	-0.06	-0.09	0.00	0.07	0.00
H=4.75m Q=5700m³/s	原型	88.84	88.65	88.55	87.92	87.39	87.74	87.67	87.34	88.82	88.56	88.53	87.99	87.64	87.56	87.64	87.33
	模型		88.65	88.58	87.98	87.34	87.70		87.34			88.56	88.08	87.61	87.50		
	差值		0.00	0.03	0.06	-0.05	-0.04		0.00			0.03	0.09	-0.03	-0.06		
H=7.80m Q=8100m³/s	原型	91.99	91.78	91.65	90.97	90.39	90.75	90.79	90.31	91.99	91.68	91.62	90.94	90.65	90.60	90.76	90.38
	模型		91.80	91.68	91.04	90.48	90.80		90.31			91.66	91.13	90.63	90.57		
	差值		0.02	0.03	0.07	0.09	0.05		0.00			0.04	0.19	-0.02	-0.03		
H=12.15m Q=11950m³/s	原型	96.40	96.17	96.08	95.33	94.83	95.18	95.11	94.64	96.30	95.99	95.96	95.37	95.02	95.01	95.02	94.55
	模型		96.12	96.00	95.33	94.84	95.10		94.60			95.87	95.35	94.90	95.03		
	差值		-0.05	-0.08	0.00	0.01	-0.08		-0.04			-0.09	-0.02	-0.12	0.02		
H=22.00m Q=20300m³/s	原型	106.40	106.02	105.79	104.59	104.71	104.81	104.67	104.66	106.03	105.80	105.56	105.05	104.47	104.68	104.69	104.29
	模型		106.02	105.70	104.56	104.53	104.69		104.47			105.49	104.94	104.46	104.58		
	差值		0.00	-0.09	-0.03	-0.18	-0.12		0.01			-0.07	-0.11	-0.01	-0.10		

通过对上述水面线、流速、流态等各项水力要素的验证,可以认为模型达到与原型相似的要求。

4.2　整治工程方案试验

在模型水流验证相似后,按照长江航道工程一处提出的多组整治工程设计方案,进行了改善试验河段航道条件的方案试验,通过观测各方案水力要素的变化,预测其整治效果,对主要方案进行了船模试验。

4.2.1　原设计方案试验

长江航道工程一处提供的原设计方案共 7 组,包括南边、北边、南北综合的不同开挖方案和潜坝方案等。其基本想法是:在抢险施工的基础上,继续扩大泄水断面,进一步减缓滩势,同时延长交错口长度,便利船舶自航上滩。

试验水位共 8 级,除验证时所用的 5 级外,另增加设计水位、18.5m、27.0m 三级,相应流量分别为 3125m³/s、19500m³/s、32300m³/s。

下面介绍原设计中具有代表性的方案试验情况。

1)北边开挖方案(模拟 No.1 方案)

以开挖北岸滑坡堆积物为主,南岸仅根据航行需要作局部修整。将原设计中北1 和北 2 方案综合,即该试验河段中上段按北 1 方案布置,中下段按北 2 方案布置。

主要方案水位见表 4-4。

试验表明,中、枯水期该试验河段下口的流速、坡降均小于消滩指标,如云阳航行水尺水位 4.75m 时,Ⅰ埂处(模型 C.S49。注 C.S 为 cross section 缩写)最大流速为 3.8m/s,左岸 7~9 号水尺间水面坡降仅 0.3‰,右岸 8~10 号水尺间也只有 1.07‰。

但洪水期该试验河段上口的流速、坡降仍较大,不能满足消滩要求。如云阳航行水尺水位 22m 时,Ⅲ埂处(模型 C.S42)最大流速已达 5.5m/s,左岸 5~7 号水尺间的坡降为 3.26‰,且水埂大,斜流强,流态不良。

另外,各级水位下沿北岸岸边皆出现较宽的洄流区,在Ⅰ~Ⅱ埂间洄流宽度可达 20~30m。

表 4-4

主要方案水位表（单位：m）

设计水位及流量	类别	右岸								左岸							
岸别 / 水尺号		16	14	12	10	8	6	4	2	15	13	11	9	7	5	3	1
Q=3125m³/s	一期工程	83.08	83.25	83.13	83.23	83.66	84.09	84.10	84.24	83.01	83.25	83.13	82.98	83.42	84.09	84.13	84.28
	No.14方案	83.08	83.21	83.26	83.15	83.34	83.77	83.71	83.80	83.04	83.24	83.28	83.11	83.26	83.71	83.74	83.93
	No.15方案	83.08	83.28	83.22	83.15	83.43	83.77	83.77	83.86	83.01	83.25	83.26	83.08	83.34	83.77	83.82	
H=1.14m Q=3810m³/s	一期工程	83.98	84.19	84.09	84.25	84.66	85.14	85.13	85.36	83.89	84.21	84.16	83.96	84.55	85.14	85.20	85.37
	No.1方案	83.99	84.23	84.27	84.19	84.39	84.69	84.71	84.92	83.94	84.23	84.31	84.17	84.27	84.70	84.73	84.95
	No.4方案	83.98	84.24	84.10	84.13	84.35	84.82	84.83	85.02	83.93	84.25	84.08	84.05	84.26	84.82	84.91	85.10
	No.14方案	83.98	84.15	84.20	84.05	84.28	84.68	84.67	84.84	83.90	84.18	84.23	84.02	84.20	84.70	84.77	84.97
	No.15方案	83.98	84.19	84.16	84.10	84.40	84.78	84.78	84.92	83.91	84.22	84.25	84.00	84.29	84.80	84.83	85.05
H=4.75m Q=5700m³/s	一期工程	87.33	87.64	87.50	87.61	88.08	88.56	88.56	88.82		87.67	87.70	87.34	87.98	88.58	88.65	88.84
	No.1方案	87.29	87.57	87.65	87.53	87.74	88.03	88.03	88.31	87.25	87.57	87.68	87.54	87.60	88.05	88.13	88.34
	No.4方案	87.30	87.62	87.57	87.40	87.73	88.22	88.26	88.52	87.24	87.69	87.52	87.50	87.60	88.25	88.39	88.56
	No.14方案	87.29	87.56	87.62	87.42	87.67	88.08	88.08	88.31	87.24	87.58	87.66	87.45	87.54	88.12	88.21	88.39
	No.15方案	87.29	87.58	87.54	87.44	87.74	88.15	88.14	88.33	87.23	87.62	87.71	87.43	87.63	88.18	88.24	
H=7.80m Q=8100m³/s	一期工程	90.38	90.76	90.57	90.63	91.13	91.66	91.68	91.99	90.31	90.79	90.80	90.48	91.04	91.68	91.80	91.99
	No.1方案	90.34	90.70	90.83	90.65	90.88	91.22	91.21	91.58	90.29	90.77	90.88	90.69	90.77	91.25	91.38	91.58
	No.4方案	90.34	90.72	90.71	90.54	90.84	91.38	91.36	91.72	90.28	90.78	90.66	90.61	90.73	91.40	91.56	91.73
	No.14方案	90.34	90.65	90.74	90.51	90.77	91.21	91.22	91.53	90.23	90.70	90.75	90.54	90.67	91.24	91.36	91.56
	No.15方案	90.34	90.66	90.69	90.52	90.82	91.23	91.22	91.48	90.25	90.70	90.78	90.50	91.68	91.27	91.41	91.56

水位及流量	类别	左岸 1	3	5	7	9	11	13	15	右岸 2	4	6	8	10	12	14	16
H=12.15m Q=11950m/s	一期工程	96.40	96.12	96.00	95.33	84.84	95.10	95.11	94.60	96.30	95.99	95.87	95.35	94.90	95.03	95.02	94.55
	No.1 方案	96.10	95.82	95.72	95.10	95.10	95.24	95.13	94.62	95.99	95.71	95.79	95.26	95.03	95.23	95.05	94.69
	No.4 方案	96.22	95.95	95.84	95.05	94.99	95.19	95.12	94.63	96.13	95.82	95.72	95.16	95.11	95.18	95.04	94.68
	No.14 方案	96.07	95.80	95.60	95.07	94.93	95.12	95.07	94.57	95.97	95.68	95.56	95.16	94.88	95.15	94.98	94.68
	No.15 方案	96.06	95.77	95.62	95.04	94.85	95.08	95.02		95.87	95.65	95.56	95.18	94.85	95.02	94.94	94.68
	No.25 方案	96.10	95.84	95.63	94.91	94.87	95.07	94.99	94.59	96.01	95.67	95.61	95.13	94.85	95.08	94.95	94.68
H=18.50m Q=19400m/s	一期工程	102.78	102.45	102.24	101.39	101.22	101.31	101.41	101.16	102.51	102.25	102.08	101.63	101.19	101.28	101.43	101.05
	No.4 方案	102.77	102.42	102.18	101.32	101.37	101.50	101.51	101.17	102.45	102.20	101.99	101.52	101.40	101.44	101.37	101.15
	No.14 方案	102.56	102.22	101.64	101.42	101.27	101.45	101.43	101.15	102.18	102.02	101.86	101.52	101.28	101.31	101.37	101.04
	No.15 方案	102.56	102.21	101.82	101.35	101.28	101.49	101.38	101.16	102.16	102.00	101.87	101.59	101.19	101.23	101.34	101.04
H=22.00m Q=26300m/s	一期工程	106.40	106.02	105.70	104.56	104.53	104.69	104.67	104.47	106.03	105.80	105.49	104.94	104.46	104.58	104.69	104.29
	No.1 方案	106.23	105.81	105.43	104.66	104.80	104.79	104.70	104.46	105.83	105.57	105.31	104.95	104.70	104.64	104.69	104.29
	No.4 方案	106.38	105.98	105.59	104.42	104.61	104.75	104.69	104.46	105.95	105.70	105.35	104.80	104.63	104.68	104.63	104.28
	No.14 方案	106.21	105.81	104.89	104.80	104.64	104.83	104.73	104.46		105.49	105.27	104.93	104.57	104.59	104.62	104.27
	No.15 方案	106.17	105.73	105.21	104.73	104.60	104.76	104.64	104.45	105.66	105.50	105.29	105.01	104.44	104.55	104.60	104.28
	No.25 方案	106.18	105.76	105.44	105.54	105.54	104.69	104.63	104.40	105.77	105.44	105.29	104.91	104.49	104.48	104.53	104.28
H=27.00m Q=32300m/s	一期工程	110.85	110.45	109.97	109.08	109.09	109.25	109.29	109.23	110.35	110.19	109.90	109.50	108.87	109.18	109.23	109.06
	No.14 方案		110.36		109.45	109.21	109.38	109.31	109.19		110.14	109.81	109.60	109.16	109.27	109.22	109.06
	No.15 方案	110.71	110.35	109.83	109.51	109.28	109.43	109.38	109.25	110.30	110.16	109.90	109.66	109.15	109.28	109.27	109.06

上述情况表明：

本试验河段中，下段即使是按工程量较小的北2方案开挖已感觉偏大（北岸开挖范围内涧流区的存在表明过水断面面积有富余和整治线型不合理）。

本试验河段中，上端即使按工程量较大的北1方案布置，洪水期上口仍达不到消滩要求，说明开挖量不够，尚需增加。

2）南边开挖方案（模拟 No.4 方案）

考虑滑坡稳定性要求，整治工程以开挖南岸为主，北岸仅根据航行需要作局部修整，整治线为 LMN（原设计南1方案），开挖地点在 I 垤以下令牌石一带，挖深至设计水位下 5m（施工超深 1m），边坡坡度 1∶1.5，工程量 37.9 万 m³（其中水下炸礁量 14.8 万 m³）。

各级水位下的流速、坡降见表4-5。

主要方案坡降、流速　　　　　　　　　　　表 4-5

位置		左				右				过渡		右	
水位(m)		22.0		12.15		4.75		1.14		22.0		22.0	
方案及流速、坡降		I (‰)	V (m/s)	I (‰)	V (m/s)	I (‰)	V (m/s)	I (‰)	V (m/s)	I (‰)	V (m/s)	I (‰)	V (m/s)
上口	一期工程	5.60	5.70	3.61	3.90	2.46	2.70	1.83	2.20	6.94	5.30	4.32	4.50
	No.1 方案	3.09	5.50	1.52	3.60	1.20	2.40	0.84	2.20		5.20	4.52	3.90
	No.4 方案	4.92	5.70	2.78	3.70	1.94	2.30	1.57	2.00		5.40	2.84	4.20
	No.14 方案	3.09	4.60	2.93	3.40	2.51	2.50	1.88	2.20	2.39	4.60	2.58	3.70
	No.15 方案	2.67	4.50	1.94	3.40	1.39	2.30	1.57	2.20	2.31	4.70	2.84	3.60
	No.25 方案	3.46	5.00	2.67	3.70					5.37	5.10	5.47	3.80
中段	一期工程	1.14	5.60	1.05	4.00	3.43	3.60	4.19	3.70				
	No.1 方案	1.62	5.30	2.00	3.40	2.10	3.00	2.19	2.80				
	No.4 方案	0.76	5.60	1.62	4.10	2.48	3.60	2.67	3.60				
	No.14 方案	0.00	4.60	0.10	3.50	0.95	3.40	1.33	3.30	说明：			
	No.15 方案	1.33	4.40	2.00	3.60	2.76	3.40	2.00	3.30	1. 表中 V 值取上水航线上的流速。			
	No.25 方案	2.10	5.20	1.81	3.70					2. 表中 I 值取接近一个标准船队长度内的平均比降。			
下口	一期工程	2.45	4.70	3.37	4.80	3.78	5.20	4.80	5.00	其中，上口：C.S39~43；下口：			
	No.1 方案	-0.41	4.00	0.92	3.60	-0.20	3.80	-0.10	3.90	C.S43~54；中段：C.S47~49			
	No.4 方案	-0.31	4.40	-0.30	4.10	0.41	4.20	1.22	4.30				
	No.14 方案	1.12	4.00	0.00	3.50	0.51	3.90	1.12	3.80				
	No.15 方案	1.53	3.80	1.74	3.60	1.33	3.90	2.04	3.80				
	No.25 方案	-0.41	4.10	0.51	4.10								

试验表明,枯水期本试验河段下口的流速、坡降虽明显减缓,但流态不良,表现为主流南移,呈困边趋势,又无护岸水,且北边洄流区向南扩展,西流更旺。航宽缩窄,最窄处移至模型 C.S55 附近,航宽仅 30m 左右,行轮有"打张"或困边的危险,夜航更觉困难(通常船舶多在夜间航经本河段),同时,由于下段开挖过量,中、洪水期上口滩势较工程前有所加剧。

南 2 方案与南 1 方案相比,不同之处在于将整治线向江中平移 20m,开挖量减小,工程效果总趋势与南 1 方案相似,不再赘述。

3)南北综合开挖方案

原设计的综 1 方案为南 1 加北 2 方案,综 2 方案为南 2 加北 2 方案。如前所述,就满足中、枯水期下口消滩要求来看,北 2 方案已有富余,不需南边方案配合,再就中、洪水期上口滩势的改善情况而言,下段大量开挖反而使上口情况恶化,表明综合方案已无必要。

4)潜坝方案

原设计拟在滩下深槽内造两座潜坝,目的是抬高滩下水位,以减小滩段的坡降、流速。试验中对潜坝的位置、高度、形态等进行多次调整,均未达到预期效果,具体原因如下:

(1)潜坝修筑后,滩下、滩上的水位几乎同步抬高,滩段总落差改变不大,因而对减缓本试验河段的坡降、流速作用有限(本试验河段水流为潜没汇流,当下游水面升高时,上游水面也跟着升高)。

(2)上潜坝处于急流大浪区中,受水流猛烈冲击,流态极乱,船舶根本无法航行。

(3)滩下河槽水深在三四十米以上,筑坝工程量大,施工难、质量不易控制。

所以潜坝在本试验河段整治中的应用受到一定限制。

4.2.2　修改方案试验

1)对本试验河段特性的分析

本试验河段是由滑坡堆积物阻塞河床而形成的急流险滩,具有以下特点:

本试验河段为常年急流险滩,每年至少十个月以上时间船舶不能正常航行,从零水位至零上 30m 左右,枯、中、洪水期均严重碍航。

滩段长约 600m,分三道坝,且滩口位置随水位不同而变动,低水期下口需绞滩,洪水期上口靠助拖,中水期上、下口都吃紧。下段开挖会影响上段,反之亦然。低水期整治会影响洪水整治,因此在研究整治方案时应上下口结合,洪、枯水期兼顾,全面考虑。

本试验河段坡陡流急,波高浪大,泡漩涵涌,流态紊乱,加上枯水期下口航道狭窄,船舶回旋余地很小,洪水期上口水埂大,斜流强,又无法设绞,只能靠大功率拖轮助拖,同时本试验河段又处于川江上、下水夜航河段,这些均增加了整治工程的复杂性和艰巨性。

滑坡能否保持稳定,是直接关系治河工程效益能否持久的大问题,因此治河方案要尽量满足滑坡稳定的要求。地质专家提出:"尽量少挖北岸,水上整治开挖高程不宜超过滑床剪出口。"

本试验河段成滩不久,滑坡堆积物是由松散的岩土组成,在江水猛烈冲击下,河床处于变动之中,尚需一定时间才能基本稳定下来。因此,在研究整治方案时应考虑这种变化带来的影响。

2)修改方案的基本原则

在分析本试验河段特性和原设计方案试验情况的基础上,得出如下整治原则,作为修改方案的指导思想:挖除一定数量的滑坡堆积物,扩大有效过水面积,上下口结合,洪、枯水期兼顾,选择适当的整治线形,确定合理的断面形态,形成有利的错口形式,减小坡降、流速,改善流态,以达到消除绞滩的要求。

模拟试验共布置 26 组,简况见表 4-6。

模拟试验简况

表 4-6

方案编号	试验研究内容
No.1、2	原设计北边方案
No.3、4	原设计南边方案
No.6、7、12、13、15	以开挖北边为主,重点研究工程总体布置,整治线形、断面形态等
No.5、7、8、9、11、14	北边开挖与上口修筑建筑物的挖筑方案相结合
No.16、19、21、22	研究水下炸礁分年施工方案
No.20、23	研究中、洪水期上口完全消滩方案
No.25	研究陆上保留 5 万 m^3 基岩对洪水期整治效果的影响
No.26	研究切除山羊角突嘴的作用

注:No.5 ~ 26 为修改方案试验。

3)有关问题

为便于论述,先就修改方案中涉及的几个共同问题作一简要说明:

(1)开挖工程的总体布置。

分析原设计方案试验情况可知,该试验河段下段开挖过量而上段开挖不足,需进行调整:

①该试验河段下段在中、枯水期碍航,开挖重点应放在中水位以下(高程 95m 左右),并包括适量的水下炸礁。

②该试验河段上段在中、洪水期碍航,为减少水下工程量,其重点应以陆上开挖为主(高程 87m 以上)。

③该试验河段中段碍航情况不如上、下口突出,可适当保留,开挖量不宜过大。

(2)整治线形。

试验中,针对原设计整治线存在的问题,经多次调试,反复比较,得出较为满意的线形——上段展宽、中段微突、下段稍凹。上段展宽,配合较缓的边坡,不但有利于改善中、洪水期上口的滩势,而且可避免大量的水下炸礁,可节省工程投资,缩短工期;中段微突,既减少了开挖工程量,又能把上、下口的"矛盾"分担一些到中段,对改善上、下口滩势有利(当然突出的程度也要适当,以不影响中段正常航行为限);下段稍凹,保持与河岸平顺衔接,对上行船舶航行有利。

(3)整治断面形态。

整治断面应满足减缓坡降、流速的需要,其形态则应考虑航行、设标、施工、维护等各方面的要求,并尽量减少水下炸礁,以节省投资,缩短工期。调整后的断面形态,以模试 No.15 方案为例:整治线以上,边坡坡度为 1∶3;整治线以下至高程 85m 间,上段边坡坡度为 1∶7,下段为 1∶5,中段渐变平顺衔接;85m 以下,边坡坡度 1∶2.5,底为平底。

(4)洪水消滩指标的讨论。

洪水期河面较宽,航线选择较灵活,船舶所受阻力较小,从本试验河段实船试验情况来看,船队自航上滩能克服的坡降、流速比枯水时大,具体见表 4-7。

鸡扒子滩实船试验情况   表 4-7

试验日期 (年.月.日)	航行水位	推轮	船队及载量	过滩方式	过滩时间(min)	I(‰)	v(m/s)	K
1984.5.25	18.6 m 涨水	长江 2073	甲 1221,载质量 984t; 甲 1235,空载;甲 386,载 质量 250 t。 总载质量 1234 t	自上	7	2.15	5	1.54
1984.6.2	24.7 m 涨水	长江 2115	甲 1239,载质量 950t; 甲 1218,载质量 280t。 总质量 1230 t	自上	11	2.65	5.3	1.76

为节省投资,缩短工期,同时考虑长江三峡大坝兴建等因素,将本试验河段消滩临界坡降、流速作为衡量方案优劣的依据,进行洪水整治,并以实船试验作参照。

4)修改方案的试验

修改方案的试验共安排 22 组,包括二期工程总方案、洪水期江水陡涨时完全消滩方案、水下炸礁分年实施方案、滑坡稳定要求限制方案等,现选择重点方案介绍如下:

(1)模拟 No.15 方案。

鸡扒子滑坡整治工程以开挖北岸滑坡堆积物为主,南岸仅作局部修整。No.15 方案是在模拟 No.6、7、12、13 等方案的基础上,对整治线形、断面形态反复调试而得。改善洪水期上口航行条件,采用扩大中、上段有效过水面积的方法。

北岸沿整治线 ABCDEFG 开挖,线形为"上段展宽、中段微突、下段稍凹",整治线高程由 98m 逐渐降至 95m(从上游往下游),开挖范围在模型 C.S38 ~ C.S52 之间,开挖至设计水位下 5m,南岸令牌石沿整治线 PQC 修整局部岸线,边坡坡度为 1:3,总工程量约为 27.8 万 m³(水下炸礁约 7.5 万 m³)。

中、枯水期该滩下口航行条件明显改善,坡降、流速均小于消滩指标,同时主流扩散、剪刀水放宽、滩下洄流范围缩小,南边令牌石挑流减弱,流态大为改善,船舶可以自航上滩。如云阳航行水尺水位 4.75m,流速为 3.9m/s,较一期工程减少 1.3m/s,坡降为 1.33‰,较一期工程减少 2.45‰。

中、枯水期由于上段有效过水面积增大,河面展宽,使得坡降、流速明显减小。如云阳航行水尺水位 22.0m 时,该试验河段上口航线上的最大流速为 4.5m/s,较一期工程减少 1.2m/s;坡降为 2.67‰,减少 2.93‰。同时,滩口上移 120m,北岸挑流减弱,流态改善,基本达到消滩要求。

与模型 No.14 方案相比,洪水期上口的坡降、流速较小,挑流水埂较弱,但沿北岸岸边的缓水区缩窄,船舶通过中段时较为吃力,故从整治效果看,两方案各有所长,但不筑矶头,不用进行地基处理、排水设施修建等,且无后顾之忧,对地方中、小船队过滩有利。

经综合比较,建议该方案作为本试验河段二期工程的整治方案。

(2)模拟 No.14 方案。

北岸开挖与上口筑矶头相结合。对模拟 No.5、7、8、9、11、14 等方案进行多种调试,以模拟 No.14 方案较优。

北岸整治沿 JHK 开挖,其高程由 98m 逐渐降至 95m,挖深至设计水位以下 6m;北岸上口筑弧形矶头,位置在石板沟以下(模型 C.S37 以下),长约 100m,最大宽度约 60m,上游端高程 108m,下游端高程 105m,边坡坡度 1:2~1:2.5,顶坡坡度 1:10,基础及排水问题要妥善处理;南边令牌石切角同模型试验 No.15 方案。

总工程量约 32.8 万 m^3(其中,水下炸礁 7.5 万 m^3,矶头 10 万 m^3)。

各级水位下坡降、流速、流态见表 4-4、表 4-5。

中、枯水期下口坡降、流速明显减小,如航行水尺水位 4.75m 时,下口流速为 3.9m/s,较一期工程减小 1.3m/s,坡降为 0.5‰,减少 3.27‰,流态改善,船舶可以自航上滩。

由于中、洪水期矶头发挥作用,在北岸开挖工程的配合下,上口滩势得到改善,如航行水尺水位 22.0m 时,上口流速为 4.6m/s,较一期工程减少 1.1m/s,坡降 3.09‰,减少 2.51‰,且滩口上移 150m。同时,由于矶头的挡水掩护作用,使得沿北岸岸边缓流带宽度增加至 50m 以上,上行船舶通过中、下段较容易。

与模拟 No.15 方案相比,由于矶头具有一定的挑流阻水作用,使得过渡段上水流较紧;南边是三星沱泡漩区,船舶由缓流区驶出,越过矶头急流斜向上行时,将遇到一定困难。另外,对滑坡稳定性及施工方面有较大影响。

此方案可作为设计时的比较方案。

(3)模拟 No.23 方案。

前已叙及,模拟 No.15 方案实施后,洪水期上口的坡降,流速仍略大于枯水消滩指标,如遇江水陡涨(据近两年资料统计,该滩水位日涨幅大于 5m 的情况每年出现数次)或小河发大水等特殊情况,某些船队自航上滩将有一定困难,可能出现短暂的紧张状态。

为提高中洪水期船舶自航上滩的保证率,达到完全消滩要求,尚需采取进一步措施,模拟 No.22、23 方案涉及这方面的内容(暂不考虑滑坡稳定的影响)。

试验表明,在模拟 No.15 方案的基础上,将该滩上、中段陆上开挖量增加约 9 万 m^3,拓宽河面,就能使中洪水期的坡降、流速减小到消滩指标要求的数值,加上驾引、调度诸方面的配合,可以达到完全消滩的要求。

(4)模拟 No.25 方案。

滑坡治理包括治坡和治江两部分,两者密切相关,应作为一个整体来考虑。地质部门从滑坡稳定角度出发,要求保留模拟 No.15 方案上中段陆上 5 万 m^3 基岩不开挖,否则必须修建抗滑桩,耗资巨大。然而,保留 5 万 m^3 基岩,势必影响中、洪水期的整治效果,为此,刘书伦同志提出保留 5 万 m^3 基岩优化方案,并对此方案进行试验。

在模拟 No.15 方案的基础上,将中上段陆上地形按 1984 年 4 月实测江床图修改制作(即保留 5 万 m³ 基岩未开挖)。

试验情况如下：

中洪水期的坡降、流速、流态见表 4-5。

试验结果表明，中、枯水期整治效果应与模拟 No.15 方案相近，即能达到消除绞滩的要求，重点是观测对洪水期的影响。

云阳县航行水尺水位 22.0m 时，该滩上、中段坡降、流速较模拟 No.15 方案大，上口过渡段流速已达 5m/s 以上，较 No.15 方案增加 0.4 ～ 0.8m/s，坡降达 3.46‰，且沿北岸岸边缓流区缩窄，航行条件不如 No.15 方案，也不及原型 1984 年洪水期，这是因为该滩下口水下炸礁全部完工后，下段过水面积增大，将给上中段带来不良影响，可见保留 5 万 m³ 基岩不开挖对中洪水期整治效果有影响。

但考虑洪水时船舶可紧靠北岸(左岸)航行，能够自航上滩，故采用刘书伦同志提出的 No.15 优化方案（保留 5 万 m³ 基岩不开挖）。竣工 2 年后的实船航行观测证明，完全达到自航上滩的要求。

5.1 深水急流炸礁

5.1.1 工程规模与进度要求

面临凶滩险水,长江航道局第一航道工程处承担了航道整治抢险任务,动员主要施工力量投入到抢险现场,其中有炸礁工程队与挖泥船队各 3 个,还有汽车队(担任土石方运输)与测量队各 1 个,共计约 800 人。另外,还有当地民工约 2000 人也参加了抢险施工。他们毫不畏怯,满怀着奋战的激情与必胜的信心,团结在抢险现场指挥部的领导周围,与治坡、钻探施工单位组成了一个有机的施工整体。领导始终站在最前线指挥,有效鼓舞了士气,各类物资与设备在短时间内运到现场,拥有自卸载重汽车、挖掘机等大型设备 50 余台,大小功率船艇 10 艘,形成一支具有较强生产能力的航道抢险队伍。

现场施工自始至终保持了稳定高产状态,水上炸礁最高量突破 $4000m^3/d$,机械设备保持良好运转状态,坚持"安全第一"方针,因而杜绝了恶性事故与重大事故的发生,在抢险施工的中期阶段已显示出整治效果。根据上级要求该工程应在 1985 年底完成,经过几个枯水期的整治,各期工程完成情况见表 5-1。

各期工程完成情况(单位:m^3) 表 5-1

工　　　期	水上炸礁	水下炸礁	挖泥船清礁	备　　注
第一期抢险工程	151798	36324	34374	竣工方量
第二期工程	228682	80560	79145	批准设计工程量
合计	380480	116884	113519	

5.1.2 施工区域的水文和地质条件

关于河段的情况前文已叙述,现对施工区域的水文、地质条件作如下说明。

滑坡体外露的部分表明:在大面积土层中伴有大小块石与个别小面积的石盘,也有地区外露者均为蛮石,而土层夹藏着块石,经测定块石含量达92%,大于泥沙含量。南江地质大队"工程地质中间报告"也指出:"鸡扒子滑坡地带,有块石、碎石、黏砂土及碎裂体偶夹砂砾石",在施工钻眼过程中也证实这一点。因地形起伏大、巨石棋布,故难以应用大型钻机高梯段钻孔爆破。

从滑坡后的航道来看,以第一道水埂处的水深最浅,最大流速在水埂下游约30m,一般均在5.5~6.5m/s的范围内而且流态也极差,该区域为通航的关键地带,船舶无法进入此区间。第二道水埂处的平均流速在5.0m/s左右,而流态较前者有所好转,性能较好的船舶有可能接近其边缘地带,第三道水埂处流速与流态又进一步的缓和,其区间流速在3.0m/s左右,工作船可以进行正常作业。

5.1.3 施工方案的选择

由鸡扒子的水深流急、滩势汹涌,面临险情,曾设想许多整治施工方案,如掏槽分流以降低流速,为施工创造条件;也提出全面抛石,变水下施工为水上施工等方案。但由于一时人力、物力等筹措不及,另一面可靠性不够充分,故第一期工程立足于现有的各种条件及早投入施工。与此同时,也积极争取由国家出资配备必要的机具设备,以加速抢险工程的进程。

鉴于流速大、流态乱而经反复比选,认定可行的施工手段只能以裸露爆破先行试爆,使流速、流态稍有改善后再以1.5m³挖泥船进行试挖。若两者均可实现预期效果,则裸露爆破与清磴交替作业。但全以裸露爆破进行施工,有进度缓慢,投资也过高,不适宜厚层开挖等缺点,故在适当位置进行船钻与岸钻,其爆破区间划分如图5-1所示。

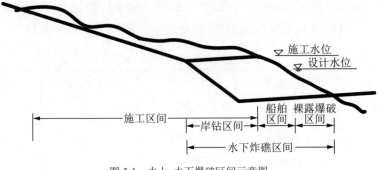

图 5-1　水上、水下爆破区间示意图

（1）岸钻：是以水陆分界线（即施工水位高程）以下能外露的部分作为工作掌子面，采用 KQ-150 型潜孔钻机进行钻孔爆破。

（2）船钻：主要是对设计水位（或是当地零水位）以下的礁石且层厚在 1.0m 以上的部分进行船钻，采用 300 吨甲板驳安装 KQ-150 型潜孔钻机，用三管两钻的施工技术进行钻孔，钻孔前应结合鸡扒子滑块地质条件、水流流速等对现有钻具进行改进，以适应高难度工作的需要。

（3）裸露爆破：充分利用挖泥船的锚缆设备，并将其作为定位船；20t 坚固的木船作为投药船。每放一炮由定位船绞回投药船到安全区后再行起爆，并由此机艇递送药包。

（4）清礁：每轮爆破作业之后都必须由挖泥船清礁，而大部分地区的流速均超过 5m/s 以上，因此抛锚定位极其困难，挖斗下放时也漂移很远，所以无法工作，原有的挖泥船已不适用，进口具有适合此特定要求的挖泥船，可解决水下清礁的困难。

根据现场的情况，钻孔、爆破、清礁的施工顺序只能是自上而下，由航边向航中，由缓流区向急流区迫近，关键地带的第一道水埂处便是按上述施爆原则逐次清除，其危险区域范围缩小，危险程度随之好转，直至根除危险。

由于钻探改进工作跟不上工程进度，而裸露爆破已取得初步经验并且效果显著，故在这次施工中未曾使用船钻，尚待以后总结。

5.1.4　水下遥控引爆的应用

鸡扒子滑坡发生后，随即确定在该滩现场进行超声波引爆试验，并拟定其为抢险工程多种施工方法之一。

超声波遥控引爆的原理是将发射机中的数字脉冲电信号，通过换能器变为超声波信号辐射在水中传播，然后在引爆点用引爆装置前面的水听器（实际上也是一种换能器）接收超声波信号，水听器再将超声波信号还原为文字脉冲电信号，这些文字脉冲电信号在引爆装置的放大器中打开一些门电路，引爆电雷管，进而达到遥控引爆的目的。超声波遥控引爆的整个过程如图 5-2 所示。

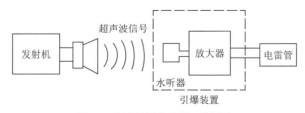

图 5-2　超声波遥控引爆工作框图

1)超声波引爆施工注意事项

（1）必须根据施工地区水域情况,决定引爆装置的接收条件。

超声波在不同的水域中传播的情况是不同的,湖泊与平静的海洋是超声波传播的理想水域,紊乱的江水却常常使超声波信号过快地衰减和产生畸变,水文情况决定引爆装置的接收条件,因此有必要将航道整治的引爆装置的接收条件列为重点课题。通过试验得到的初步认识是:在水深 0~1.5m 范围内由于存在紊流和泡漩引起的气泡,超声波的传播比较困难,在河床底部由于地形起伏接收信号也较为困难,只有在水深的中间区域能较顺利地接收信号,如图 5-3 所示。

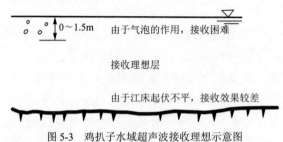

图 5-3 鸡扒子水域超声波接收理想示意图

于是,将引爆装置置于接收超声波信号的理想层,成功引爆了裸露炸药。

（2）确定引爆装置到药包的安全距离。

为了安全施工的需要,水下超声波遥控引爆装置电路部分均是采用数控电路,引爆装置前端的水听器价格昂贵,因此引爆装置的回收很有必要,要回收引爆装置,首先要确定引爆装置到药包的安全距离。在引爆装置中水听器是最脆弱的部分,以它的强度来改变引爆装置到药包的距离,在鸡扒子滑块这种水域我们摸索到:药量为 200kg 的裸露爆破,其引爆装置到药包的最近距离为 35m,比较理想。

2)在鸡扒子滑坡区超声引爆的应用

鸡扒子滑块超声波遥控引爆如图 5-4 所示。

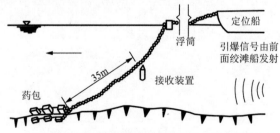

图 5-4 鸡扒子滑块超声波遥控引爆应用示意图

引爆接收装置吊在离药包 35m 处。它的引爆导线比较短,处在水域的中下层,不易被江水冲断,因此这种施工方法排除了常规起爆器必须以定位船拖带长距离的引爆导线到裸露药包的方法,避免了长导线被湍急的江水冲断而造成哑炮的不足。每次引爆药包以后,并不需要将引爆接收装置捞出水面,只需将引爆接收装置后面的导线捞出水面,重新接好药包群投入水中,就可以进行下一次的引爆施工。

3)存在的问题

我们认为超声波遥控引爆是很有前途的,特别是在水下扫尾清点工作和深水施工方面,更优于其他引爆方法。但是,还有以下几点有待解决的问题。

(1)在遥控引爆的前提下,为了实现自动化而改用机动船投药,而药包如何在急流中到位,是我们需要解决的一个难题。

(2)接收装置成本太高,除了采用集成电路降低成本以外,最大的难题是不易购到接收效果理想而又价格便宜的水听器。如果整个接收装置成本降到 10 元以下,就可以不回收接收装置,这样被提高的工效是相当可观的,因此降低水听器的成本也是一个需要研究的课题。

(3)在特别紊乱的水域,由于超声波衰减和畸变严重,对遥控引爆造成很大的困难。

5.2　水下爆破地震波的测试

5.2.1　观测方法和测点布置

1983 年春,长江航道局航道一处(简称"航道一处")和西南水运工程科学研究所(简称"西科所")将测点分布在鸡扒子滑坡Ⅰ号、Ⅱ号施工断面上,长江水利水电科学研究院震动组的测点布置在长江南岸及北岸顺江到磷肥厂和Ⅰ号施工断面附近,于 1983 年 3 月对Ⅱ号、Ⅲ号断面进行了钻孔爆破和裸露爆破的补充测量。

航道一处和西科所均是采用 CD-1 型速度传感器配 GZ_2 型六线测振仪拾振,用 SC-16 型紫外线示波器 (或 SC-18 型紫外线示波器) 记录,测震系统如图 5-5 所示。

长江水利水电科学研究院(简称"长江科学院")采用 65 型拾振器与 SC-16 型紫外线示波器相配套的观测系统,如图 5-6 所示。

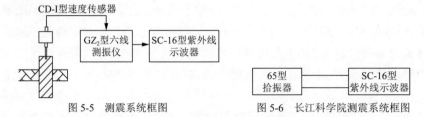

图 5-5　测震系统框图　　　　图 5-6　长江科学院测震系统框图

爆破地震实测值范围与统计经验式见表 5-2。

爆破地震实测值范围与统计经验式　　　　表 5-2

测试单位	施工点爆炸方式	测线方向	R（m）	Q（kg）	$R=Q^{1/3}/R$	v（cm/s）	统计经验式	相关系数（r 值）
长江科学院振动组	北岸水下裸露爆破	滑坡区测线	34～404	300	0.02～0.20	0.25～7.27	$v=66.48\rho^{1.23}$	
	南岸水下裸露爆破	磷肥厂测线	140～516	200～400	0.01～0.05	0.23～1.92	$v=192\rho^{1.47}$	
	北岸水下裸露爆破	磷肥厂测线	60～372	521	0.02～0.13	0.72～9.09	$v=119\rho^{1.25}$	
	北岸水下裸露爆破	滑坡区测线	128～380	521	0.02～0.06	0.69～5.01	$v=555.9\rho^{1.62}$	0.86
	南岸水下裸露爆破	滑坡区测线	126～505	200～400	0.01～0.06	0.16～1.62	$v=47.4\rho^{1.13}$	
西南水运科学研究所长江航道一处	北岸水下裸露爆破	Ⅰ号Ⅱ号施工断面测线	116～304	200～300	0.01～0.05	0.32～1.22	$v=69.83\rho^{1.332}$	0.89
	南岸水下裸露爆破	Ⅰ号施工断面测线	140～381	200～400	0.01～0.06	0.67～2.99	$v=130.34\rho^{1.2939}$	0.97
	南岸水下裸露爆破	Ⅱ号施工断面测线	230～316	200～400	0.01～0.06	0.27～0.73	$v=2301.9\rho^{2.329}$	0.793
	北岸水下裸露爆破	Ⅱ号Ⅲ号施工断面测线	171～336	561	0.02～0.05	0.47～1.9	$v=123.95\rho^{1.43}$	0.913

5.2.2　爆破震动观测成果分析

根据 3 个单位原始记录及有关资料进行分析整理，得出爆破震动垂直方向的速度衰减规律，具体见表 5-2。

综合爆破震动速度的衰减规律，发现鸡扒子滑坡区地震波的传播有如下特点：

（1）鸡扒子滑坡北岸水下钻孔爆破震动速度的衰减指数略大一点，如：

α_1（钻）=1.428 ＞ α_1（裸）=1.332（航道一处、西科所测点区）

α_2（钻）=1.620 ＞ α_2（裸）=1.230（长江科学院测点区）

这种规律与通常在整体岩盘上进行施工时的钻孔爆破震动速度的衰减指数比水下裸露爆破的衰减指数大得多的现象是截然不同的。

（2）滑坡地区的地质条件相当复杂，因此沿爆源的各个方向爆破地震的衰减规律大不相同，如：北岸水下钻孔爆破组磷肥厂测线的速度衰减式是：

$$v=119\rho^{1.25}　\text{cm/s} \tag{5-1}$$

滑坡区测线的速度衰减式是：

$$v=555.9\rho^{1.62}　\text{cm/s} \tag{5-2}$$

Ⅱ、Ⅲ号断面测线的速度衰减式是：

$$v=123.95\rho^{1.43}　\text{cm/s} \tag{5-3}$$

因此，预报离爆源不同方向的爆坡地震速度时要采用不同的衰减式，不能千篇一律，并且对重点保护建筑物还有必要将衰减式计算得到的数据进行定点验证，然后才能提出可靠、安全的用药量。

5.2.3　测试成果对生产的具体指导

1983 年春，爆破地震大规模测试后，立即运用到具体施工中。若要确定施爆点最大安全用药量，首先应了解要保护的建筑物是何种结构及其允许的破坏程度，然后根据《爆破安全规程》选取判据以控制最大震速。但是鸡扒子滑坡重复爆破量大，因此最大地震速度控制在 0.8cm/s 以下。

1983 年春，大规模爆破地震测试时水下裸露爆破一次起爆药量达 400kg，所有重点保护建筑物的地震速度均在 0.8cm/s 以下，正常施工药量仅在 200kg 左右，所以水下裸露爆破施工是很安全的。由于水下钻孔爆破有时超过大规模爆测时的用药量（521kg），因此须提供最大安全用药量的具体数据用以指导生产，1984 年，航道一处取得了两次水下钻孔爆破的经验数据：

（1）第一次水下钻孔爆破有关数据。

时间：1984 年 1 月 30 日；装药量：882kg（即发爆破）。

测震点：磷肥厂硫酸塔控制室基础，距爆源水平距离 356m，高差 60m；震动速度：0.68cm/s。

（2）第二次水下钻孔爆破有关数据。

时间：1984 年 2 月 21 日；装药量：1200kg（即发爆破）；测震点：同 1 月 30m 测点，距爆源 460m，高差 60m；震动速度：0.45cm/s。

然后利用下面的公式：

$$Q_{控制}=\alpha Q_{实测}\sqrt{\left(\dfrac{v_{控制}}{v_{实测}}\right)^3} \qquad (5\text{-}4)$$

式中：$Q_{控制}$——最大允许用药量（万 kg）；

　　　$Q_{实测}$——验证实测用药量（万 kg）；

　　　$v_{控制}$——建筑物控制震动速度（cm/s）；

　　　$v_{实测}$——验证实测震动速度（cm/s）；

　　　α——衰减系数，据实测资料 $\alpha=2$。

经计算后，决定对距重点保护建筑物水平距离在 350~450m 之间的爆破物水下钻孔爆破用药量可达 1100kg；水平距离大于 450m 的，水下钻孔用药量可达 2800kg。

5.2.4　水下爆破冲击波的测试

因抢险工程的需要，水下裸露爆破和挖泥船清碴需要同时进行，因此须研究挖泥船距离裸露爆源多远距离才不会被水下爆破冲击波损坏的问题。为了解决这个问题长江航道局航道一处于 1983 年、1984 年 2 月，邀请长江科学院震动组联合测试了裸露爆破水中冲击波，具体内容如下：

1）观察方法和测点布置

观察水中冲击波的传感器和加速度放大器是长江科学院自制的产品，记录仪采用 SC-16 型紫外线示波器。水中冲击波测试系统如图 5-7 所示。

图 5-7　水中冲击波测试系统框图

鸡扒子滑坡爆破测震点位置，以长江航道局航道一处的抓扬五号挖泥船作为定位船，顺江用航标船布置测点，传感器用重物牵引吊在航标船下的水中。

2）水下裸露爆破冲击波观测成果

根据 1983 年 2 月 28 日收集的数据，计算整理得出鸡扒子这一特定区域的最大冲击波压强经验公式：

$$P_{M}=3737\left(\dfrac{Q^{\frac{1}{3}}}{R}\right)^{2.57} \qquad (5\text{-}5)$$

式中：P_M——最大冲击波压强（kg/cm^2）；

　　　Q——裸露爆破炸药用量（kg）；

　　　R——测点至爆源距离（m）。

上式与无限自由场的库尔经验公式（5-6）相比，差距很大。

$$P_M = 533 \left(\frac{Q^{\frac{1}{3}}}{R} \right)^{1.13} \tag{5-6}$$

式（5-5）、式（5-6）差距大的原因如下：

（1）鸡扒子滑坡河床深浅变化大且河面狭窄，边界条件与无限自由场差别很大。

（2）鸡扒子滑坡水流状态紊乱且流速不均，由水下超声波引爆试验得知，这是造成水下爆破冲击波衰减快的主要原因之一。

经 1983 年水下裸露爆破冲击波测试以后，测试人员曾对水中冲击波的传播方向与水流反向能否造成水中冲击波的快速衰减有争议，故于 1984 年 2 月双方在滑坡区北岸用楠竹固定传感器在爆源下游，进行了补充测试：

（1）时间：1984 年 8 月 28 日；药量：200kg；爆距：16m。

由库尔公式可知，正常静水自由场入射压力

$$P_0 = 533 \left(\frac{200^{\frac{1}{3}}}{16} \right)^{1.13} \approx 171 \ （kg/cm^2）$$

而该点三炮实测平均压力为 128~130kg/cm^2。

（2）时间：1984 年 8 月 28 日；药量：200kg；爆距：55m。

由库尔公式可知：

$$P_0 = 533 \left(\frac{200^{\frac{1}{3}}}{55} \right)^{1.13} \approx 42 \ （kg/cm^2）$$

而该点实测压力为 5~6.5kg/cm^2。

当时在爆距 55m 的测点岸边抓住了一条长约 12cm、受冲击波影响而游动不自如的无鳞小鱼，这条小鱼被我们观察后放入水中就立刻游走了。

1984 年 2 月 28 日的测试表明，水中的冲击波传播方向与水流反向并没有加强水中冲击波的入射压力，其与在爆源上游或下游相关性很小。

据此试验结果可以认为，船舶在距爆源 200m 处进行施工的安全性是足够的。

5.3 挖泥船清碴

5.3.1 挖泥船类型的选择

1)施工区域的自然条件

在前面几章中,对于鸡扒子滑坡工程的自然概况已作详细介绍,此处不再赘述,现就挖泥船清碴区域的自然条件做一些补充说明。

鸡扒子滑坡工程中,用挖泥船进行水下清碴区域的自然条件,不但具有川江这类山区河流中航道疏浚的共性,而且又有它的特殊性,概括起来,可以归纳为如下4点:

(1)挖掘的主要对象是孤石和爆破后的块石,粒径大、紧密、开挖难度大。

(2)疏浚区域流态紊乱,流速一般在3~5m/s,某些地方甚至更大一些。

(3)施工河段河床及两岸地质或是基岩,或是块石,不能采用抛锚或柱桩等方式稳船定位。

(4)河道狭窄,来往船只多,要求挖泥船必须快速让出主航道,使行轮安全通过。

2)挖泥船特征

根据上述施工区域的自然条件,所选用的挖泥船应具有以下特征:

(1)船体外形尺寸不能过大,以适应航道狭窄的特点,同时船体的长度和宽度要有一定的比例。

(2)船体线形要使船体对水流所产生的阻力尽可能地小。

(3)锚机要有足够的拉(绞)力和绞速,以便在高速区施工时,挖泥船能顺利地转移垄沟或迅速让出航道。

(4)要有足够的初稳性和抗泡漩能力,以便在比较差的水态下也能施工。

3)挖泥船类型的选定

抓扬式单斗挖泥船是用钢索操纵,属柔性结构,简便灵活,锚泊系统也只有几根缆索,易于操纵,可满足上述特殊要求。其他类型的挖泥船,例如链斗式、吸扬式或耙吸式等挖泥船均不能用于上述工况条件下疏浚块石;铲扬式挖泥船虽是单斗,而且是硬杆操纵,挖掘力较大,在挖掘卵石或破碎度较好的块石,是适用的。但由于硬杆迎水面积大,流速在3~5m/s时水流对硬杆及铲斗的冲击力将大大增加,力的传递对铲扬式挖泥船本身的安全性及稳船定位带来很大影响,所以也是不适用的。所以,鸡扒子滑坡选用抓扬式挖泥船进行清碴。

4)挖泥船参数的确定

根据川江的经验、结合鸡扒子滑坡的特殊情况,对挖泥船参数,做了如下考虑:

（1）长宽比。

由于川江水流湍急，航道疏浚均采用顺流开挖，而且轮换泥驳时采用绑拖、顶靠挖泥船，其主、横缆位置集中在船首，以保证挖泥船有较好的"航向稳定性"。因此，要求挖泥船有一定的长宽比。

挖泥船的长宽比可用下式表示：

$$K_{LB} = \frac{L_{cp}}{B} \qquad (5\text{-}7)$$

$$L_{cp} = \frac{L_w + 2L_d}{3} \qquad (5\text{-}8)$$

式中：K_{LB}——挖泥船的长宽比；

$\quad B$——挖泥船的宽度（m）；

$\quad L_{cp}$——挖泥船的加权平均长度（m）；

$\quad L_w$——挖泥船的水线长度（m）；

$\quad L_d$——挖泥船的底线长度（m）。

为了使挖泥船有较好的"航向稳定性"，其 K_{LB} 值应在 3.0~3.5 之间。

（2）船体首尾形状及翘角的选择。

此处所指的船体线形，是指抓扬式挖泥船首尾部的形状。对于这种形状的选择，在川江已先后采用勺形、楔形、雪橇形等 3 种形式。通过实际使用，雪橇形船体产生的水流阻力较小，抗压泡漩的能力比其他形状的船体好，各种水态的适应性较好，故在鸡扒子滑坡清除礁石须建造新挖泥船时，就采用了雪橇形，具体形状如图5-8 所示。

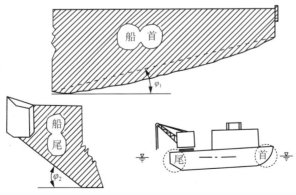

图 5-8　挖泥船首尾部形状示意图

注：φ_1 为挖泥船船首翘角；φ_2 为挖泥船船尾翘角。

在采用雪橇形作为抓扬式挖泥船的船体首尾形状时,对于翘角应大小不等。如果翘角首尾相等的话,将给稳船定位带来不可想象的困难,甚至会使船员不敢把这种挖泥船在急流中定位施工;同时,船尾的翘角应大于船首的翘角。以上两点是从实践中得到的经验教训,很值得注意。对于翘角的具体角值,从船舶常识可知,船首的翘角不宜过大,翘角过大会增加挖泥船对水流的阻力。但也不宜过小,过小会降低"航向稳定性"。根据川江的经验,船首翘角以 13°~20° 为宜。据此,在为鸡扒子滑坡建造新船时,其船首翘角建议采用 17°。日本四国建机会社在承造鸡扒子滑坡新挖泥船时,曾做船模试验,以翘角在 20° 时,对水流的阻力最小,但我们未见其试验资料。船尾的翘角不宜过大,否则会在船尾造成很大的鼓泡水,如图 5-9 所示。此鼓泡水在下斗时会把抓斗推向两侧,影响下斗的准确性,进而影响挖掘的质量。同样,船尾的翘角不能过小,翘角过小会使船底水流在出船尾时形成射流(图 5-10),使抓斗在下抛过程中位移距增大,也就使抓斗的漂斗角增大,影响挖掘力。

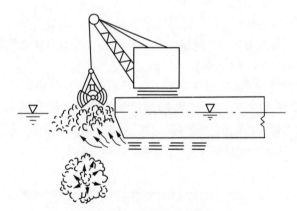

图 5-9　船尾鼓泡水示意图

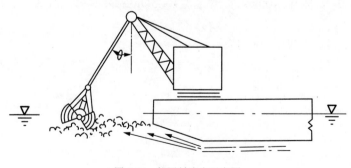

图 5-10　船尾射流水示意图

(3)锚机的绞力和绞速。

当设计用于山区河流疏浚的抓扬式挖泥船的锚机时,不但要考虑锚机应具有足够的绞力,而且应考虑锚机要有较快的绞速。也就是说,锚机的绞力与绞速要同时满足山区通航河流的特殊条件。

当考虑主锚机绞力时,要保证挖泥船在设计流速下拖带一艘重载泥驳,安全转移垄沟。锚机的刹车能力一般按绞力的2倍考虑,但必须用挖泥船在设计流速中轮换泥驳时总拉力来验算。这个总拉力包括1艘挖泥船、1艘配合施工的拖轮、1艘重载泥驳、1艘轻载泥驳等4艘轮驳在设计流速时所产生的水流阻力。另外,承担主缆拉力的主锚机,只有在转移垄沟或开工、收工时使用。因此,对于绞速可以不作过高要求,只要能达到一般锚机的绞速即可。

由上可知,为鸡扒子滑坡新建挖泥船时,每台主锚机的绞力为250kN,两台主锚机合计绞力为500kN。刹车能力每台为500kN,两台合计刹车总能力为1000kN。

在设计边锚绞车时,除考虑绞力外,还要特别注意绞速问题。为了确保挖泥船能快速让出航道,据川江经验,边锚的绞速每分钟应不少于30m,而且最好采用无级调速装置,以满足绞泥驳等需要。

(4)新建挖泥船的性能。

在考虑鸡扒子滑坡的特点和挖泥船应具有的性能基础上,对新建挖泥船的具体性能要求如下。

①船体。

总长:49.5m;水线长:48.8m;型宽:14m;型深:3.25m;满载吃水:2.0m。

②挖掘机。

工作半径:9.6~12.7m;最大挖深:20m（静水挖深40m）;最大扬程:6m。

③提升能力。

最大:660kN;抓斗:400kN;提升速度:0~56m/min;下降速度:0~120m/min。

④主绞车(主锚机)。

两台,每台性能:额定绞力,250kN;刹车能力,500kN;额定绞速,12m/min;钢索直径,42mm。

⑤边绞车。

左右各1台,每台性能:额定绞力,100kN;刹车能力,200kN;额定绞速为钢索,0~30m/min（拉力100kN时）;链条,0~10m/min（拉力100kN时）。

(5)辅助船舶。

川江航道疏浚船队,由1艘抓扬式挖泥船和几艘辅助船舶组成。这些辅助船舶包括 1 艘拖轮、2 台装石驳、1 艘带缆艇和 1 艘煤油料供应驳。其中,带缆艇兼做交通艇。由于抢险工程时间紧急,国内新建辅助船舶跟不上需要,故临时采用原有的辅助船舶,其具体性能为:

①拖轮:主机功率为 800 匹,增压型。船型适用于长江。

②石驳:底开式,船容积为 90 m³,用 10kW 电动机启闭门。

③带缆艇:兼做日常生活的交通厅,主机功率 120 匹,适用于长江 C 级航区。

④供应驳:100t 钢制甲板驳,供储存燃油料、煤炭用。另为鸡爪子滑坡新建的 4m³ 抓扬式挖泥船需用 300 吨甲板驳作存放备用抓斗之用。

必须指出,上述辅助船舶,除供应驳之外,与鸡爪子滑坡抢险工程新建的 4m³ 抓扬式挖泥船是不配套的,这影响了新建的挖泥船一些特殊性能的发挥和施工工效。但为了早日排除因滑坡而碍航的堆积物,船员克服了许多苦难,进行疏浚。

5.3.2　疏浚船舶的阻力计算

在急流滩上疏浚船舶的阻力(抓扬式挖泥船的阻力)由摩擦阻力、坡降阻力和抓斗阻力 3 个部分组成,其他船舶只计算摩擦阻力和坡降阻力,其计算方法如下:

1)抓扬式挖泥船的阻力

抓扬式挖泥船的阻力用下式表示:

$$R_d = R_f + R_i + R_c \tag{5-9}$$

式中:R_d——抓扬式挖泥船的阻力;

　　R_f——摩擦阻力;

　　R_i——坡降阻力;

　　R_c——抓斗阻力。

2)摩擦阻力 R_f 的计算

疏浚船舶的摩擦阻力,是指水流对被锚泊缆索拽住稳定时机动船的摩擦阻力。计算时可采用兹万科夫公式:

$$R_f = f \cdot \Omega \cdot v^{1.83} + \xi \cdot \delta \cdot A + v^{1.7+0.15v} \tag{5-10}$$

式中:R_f——由水流而产生摩擦阻力;

　　f——水流对船体的摩擦系数,对于钢质船取 0.18;

　　Ω——船体水下线的表面积(m²);

　　v——疏浚区的水流表面流速(m/s);

　　ξ——水流系数,非机动船一般用 8;

A——船体舯断面面积(m^2)；

δ——船体方形系数。

上式中,船体水线以下的表面积 Ω,对于抓扬式挖泥船和泥驳等非自动航式船舶,可用下式计算:

$$\Omega = L_{\text{w}} \cdot (2T + aB) \qquad (5-11)$$

式中:Ω——船体水线以下部分的表面积(m^2)；

L_w——船体在线长度(m)；

T——船体吃水深度(m)；

B——船体宽度(m)；

a——船体平面肥瘦系数,在 0.24~0.28 之间选取。

另外,船体舯断面面积也可采用下述简化式计算:

$$A = BT\beta \qquad (5-12)$$

式中:A——船体舯断面面积(m^2)；

B——船体宽度(m)；

T——船体吃水深度(m)；

β——船体舯断面系数,对于非机动船,可在 0.98~1.0 之间选取。

3)坡降阻力的计算

在急流滩,水面坡降都比较大,由于水面坡降的存在,使疏浚船舶产生一个水平分力。这个分力,我们称它为坡降阻力,这是一个不容忽视的分力。据计算经验表明,在某些水面比降大的激流滩,其坡降阻力往往大于摩擦阻力。坡降阻力,可用下式计算:

$$R_1 = VWI \qquad (5-13)$$

式中:R_1——船舶坡降阻力；

W——船舶总吨位(t)；

I——水面坡降(‰)；

V——水面受疏浚船舶干扰后,水面比降增大的系数,一般在 1.10~1.15 之间选取。

另外,在使用上式时,水面比降应选用河心比降；如无河心比降,则用水面比降代替。

(1)抓斗阻力计算。

抓扬式挖泥船在急流滩疏浚时,还有抓斗阻力不容忽视。此阻力以往只知道其存在,但不知道有多大,应如何计算等。为满足鸡扒子滑坡清碴需要,委托上海交通大学做了室内实验,有关抓斗阻力问题,该校提供了如下计算公式:

$$R_c = 47.7 \times 10^3 \times (1 + 0.226H) S_H \cdot v_H^{1.87} \tag{5-14}$$

式中:R_c——实腹双颚板抓斗的阻力;

H——抓斗迎水面面积在水下的深度(m);

S_H——抓斗迎水面法向面积(m^2);

v_H——水流水平分流速(一般以表面流速代替)(m/s)。

上式中的抓斗迎水面的法向面积 S_H,可用下式求之。式中的漂斗角 θ,一般是在现场观测而得,也可以根据以往观测资料推断。

$$S_H = S_A \cos \theta \tag{5-15}$$

式中:S_H——抓斗迎水面法向面积(m^2);

S_A——抓斗迎水面的面积(m^2);

θ——漂斗角(°)。

此处中的漂斗角 θ,系川江航道疏浚中一个俗语。所谓漂斗角,是指抓斗受水流冲击形成位移后与垂线构成的角度。

(2)各种工况时阻力计算。

按上述有关公式,计算出挖泥船和其他疏浚船的摩擦阻力和坡降阻力后,应根据在急流滩疏浚时的不同工况,计算出相应的船舶阻力,以便验算挖泥船锚机的拉力和刹车的支持力,主锚缆索的强度等是否能满足最不利工况下的要求。

①疏浚时挖泥船的最大阻力。

在清碴疏浚时,挖泥船最大的阻力是发生在当装石驳将要满载而又在继续清碴时,此时的阻力应按下式验算:

$$R_d' = R_d + R_b' \tag{5-16}$$

式中:R_d'——清碴时挖泥船的最大阻力;

R_d——挖泥船清碴时的阻力;由式(5-9)求之。

R_b'——装石驳满载时的阻力。

②轮换装石驳时阻力。

在轮换装石驳时,虽然挖泥船停止挖掘工作,没有抓斗的阻力。但是,此时有1艘轻载装石驳靠上挖泥船,而且在靠上轻载装石驳后,拖轮要有一个短暂的停车时间,以便解缆换挡等操作。故此时有1艘重驳、1艘轻驳、1艘拖轮及挖泥船本身共 4 艘轻重载船舶由挖泥船主缆承担阻力。此时虽然船锚机运转，但必须要求此时锚机刹车不打滑，主锚缆索不断损。此时所产生的阻力可用下式表示：

$$R_L = R_d + R_b' + R_b + R_T - R_c \cdots \tag{5-17}$$

式中：R_L——轮换装石驳时挖泥船主缆承受的总阻力；

$\quad\quad R_d$——挖泥船阻力；

$\quad\quad R_b'$——重载装石驳阻力；

$\quad\quad R_b$——轻载装石驳阻力；

$\quad\quad R_T$——拖轮阻力；

$\quad\quad R_c$——抓斗阻力。

③疏浚船舶阻力的测量。

为了验证上述公式计算的阻力是否与急流滩的情况相等，利用斗容 4m³ 抓石船有拉力计装置的条件，测量了从 2.90~4.35 m/s 流速下的疏浚船舶阻力。其方法是：在同一流速下，作各种工况主缆拉力测量，由于挖泥船没有舵的装置，在急流中单独稳船时，必须把抓斗抛入水中代替舵，轮换装石驳时，挖泥船的工况更加复杂。因此，需做几种组合，并测定各种组合工况下的阻力，然后再进行分解，才能推算出各疏浚船舶不同工况时的阻力。这次在鸡扒子滑坡测量阻力时，其船舶组合如下：

a. 挖泥船 + 重驳 + 抓斗；

b. 挖泥船 + 重驳；

c. 挖泥船 + 重驳 + 轻驳；

d. 挖泥船 + 重驳 + 轻驳 + 拖轮；

e. 挖泥船 + 轻驳。

应当指出，做阻力测量时，对水文地质及船舶驾驶操作者都应事先作选择。不是任何地点都是可以进行的，特别是水文条件，需选在水面比降变化小，流向顺直，水态良好的河段。要在左右横缆尽量不受力的情况下进行测量。否则，如左右横缆受力，就会减少主锚缆的拉力，所测的阻力就不精确。这一点在阻力测量时要特别注意。

根据上述组合安排，在鸡扒子滑坡急流滩施工时，对挖掘机和装石驳的阻力做了观测，并用兹万科夫公式进行阻力计算，将两者所得阻力加以对比，具体见表 5-3。

从表 5-3 可以看出，计算的阻力与实测的阻力很接近，其最大误差率为 ± 7% 左右。它说明用兹万科夫公式计算摩擦阻力，作为疏浚船在急流滩上施工时可能发生的最大阻力是可以的。

疏浚船舶阻力实测与计算对比　　　　　　　　表 5-3

船驳名称＼项目	挖 泥 船					装 石 驳					备注
实测流速(m/s)	3.85	3.85	3.85	3.25	2.90	4.35	4.35	4.05	3.95	4.10	
计算阻力(kN)	86.1	86.1	86.1	67.7	61.0	40.7	40.7	38.2	36.2	39.0	
实测阻力(kN)	80.0	85.0	82.5	65.0	60.0	40.0	40.0	40.0	35.0	38.8	
差值(kN)	6.1	1.1	3.6	2.7	1.0	0.7	0.7	-1.8	1.2	0.2	
误差率(%)	7.1		4.1	4.0	1.6	1.5	1.5	-4.7	3.3	0.5	
说明	1. 实测流速为使用浮标法测得的表面流速; 2. 计算阻力含摩擦阻力和坡降阻力; 3. 实测阻力在主锚缆拉力计上读取; 4. 误差率用下式计算: $$误差率 = \frac{差值}{计算阻力}(\%)$$										

另外,在鸡扒子滑坡治理的清碴工程中,对斗容为 4.0m³ 的抓斗阻力,也做了测量。并根据上海交通大学提供的公式,做了阻力计算。实测与计算的成果见表 5-4。

4m³ 抓斗阻力计算值与实测值对照表　　　　　表 5-4

项目	数 值				附注
实测流速(m/s)	3.85	3.85	3.85	3.00	
计算阻力(kN)	88.7	88.7	88.7	58.7	
实测阻力(kN)	90.0	93.5	91.8	45.0	
差值(kN)	-1.3	-4.8	-3.1	13.7	
误差率(%)	-1.5	-5.4	-4.5	23.3	

注:流速及误差率等说明详见表 5-3。

从表 5-4 中看出,抓斗阻力计算值与实测值误差较大,具体原因如下:

(1)公式是在实验室中获得,并且模拟斗容及抓斗的质量比等与 4 m³ 的抓斗实际情况不完全一样。实验室的水态与鸡扒子滑坡急流滩的天然河段也不可能完全相似。故与实际情况会有差别。

(2)在实验室观测时也不可能完全按实验室所特定的条件读取数值。例如,实测的流速是用浮标法测量的表面流速,也比公式指定的平均流速要大一些。所以,表中所反映的计算阻力大与实测的阻力,我们认为是合理的;计算值偏大 25% 左右,取此值未考虑主锚机刹车力和主缆索的强度等,对安全也有利。故认为上海交通大学提供的公式有实际应用的价值。

5.3.3 挖石效率分析

抓扬式挖泥船在急流滩做清礁疏浚时,除水文等自然条件外,影响抓泥效率的主要因素有:抓斗、石礁块度、爆破方式等 3 个方面。简述如下:

1)抓斗

抓斗,是抓扬式挖泥船的主要核心。据某些疏浚专家对抓斗做了多年研究后,得出了一个结论——任何一种抓斗只能最适合挖某一种土垠。反言之,可根据任何一种土垠都可以制造一种最合适的抓斗进行挖掘。从这个结论中可以看出,抓斗与被挖掘的土垠之间的关系是十分密切的。

讨论抓斗与土垠之间的关系的专著不多,日本有一位盐田尚先生,对抓斗做了一番调查和模型试验后,撰写了《疏浚抓斗的研究》一文,参加 1970 年国际疏浚会议,获得最高奖。该文中建议用下式计算抓斗抓取特性参数。

$$P = L\sqrt{\frac{B}{2w_g}} \tag{5-18}$$

式中:P——包括抓斗容量与质量的一个抓取特性参数;

L——抓斗张开的宽度(m);

B——抓斗刃宽(m);

w_g——抓斗的质量(kg)。

笔者根据挖泥船所遇的土质,如按标准贯入度 N 值分析,绝大多数的土质其 N 值在 10 或 10~20 之间,并考虑疏浚 N 值大于 20 的土质需要,制定了一张选择抓斗的图表,如图 5-11 所示。笔者将抓斗抓取特性参数 P、斗容 V 及土标准贯入度 N 值融于一张图表之中,使抓斗与土垠之间的各种主要关系一目了然。对于选择 N 值评定土质软硬的抓斗有一定的实用意义。

上述结论,只适用于按标准贯入度 N 值评定软硬的土垠。对于卵石、块石等粗粒径的土垠,由于无法测定 N 值,就不

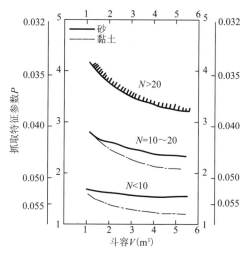

图 5-11 选择抓斗的图表

能用上述公式来选择抓斗。为挖掘粗颗粒土垠选择比较理想的斗型,川江曾采用 9 种

抓斗做实际开挖的试验,然后选定了钢索葫芦蚌壳斗,斗容 1.2m³,斗质量 4.8t,一直沿用了二十余年,中途虽有点小改小革,但也只属于修修补补性质,没有突破性的改进。通过川江几十年的挖掘卵石和清礁的实践,认识到要克服因急流滩引起的漂斗角过大的困难,要提高挖掘效率等,首先应加大抓斗的质量与斗容之比。其次是加大斗容。当然,抓斗带齿也是一个重要措施。据此,在对鸡扒子滑块清礁选取抓斗时,不但斗型有两瓣、四瓣、六瓣 3 种形式,而且抓斗的质容比也提高到 5 和 7,同时要求所有抓斗都带齿。其中,四瓣与六瓣两种抓斗,是专门为在激流中清礁而制造,因此允许瓣与瓣之间有 10cm 的间隙,齿尖之间的闭合允许有 20cm 的间距。两瓣抓斗兼做挖卵石之用,故选有 2 种质容比。质容比 7 的两瓣抓斗主要用于急流滩,质容比 5 的急流缓流兼用。各种抓斗性能见表 5-5。

鸡扒子清礁的抓斗性能 表 5-5

抓斗名称	斗容(m³)	斗质量(t)	斗质量	抓斗张开时	
			斗容(m³)	斗高(m)	面积(m²)
两瓣重型斗	4	20	5	6.75	9.5
两瓣特重斗	3	22	7		
四瓣橘形斗	3	22	7		
六瓣橘形斗	4	20	5		

上述 3 种抓斗,经过 2 个枯水期近 10 万 m³ 水清礁和挖掘卵石等施工,证明挖掘粗颗粒土埂,也以两瓣抓斗最好用。因为六瓣抓斗,有 6 个斗脚,而在挖大块石时往往只有 2 个爪瓣受力,只挖掘 15.5h,斗脚就弯曲变形不能闭合了。四瓣抓斗在挖掘大块石时也同样以 2 个爪瓣受力,虽然斗齿较粗没有变形,但挖掘 18h 后,斗齿就断了一个,挖掘 50h 后第二个斗齿又断了,加之爪瓣之间的间隙较大,很多较小的块石在缝隙中漏掉,故效果也不好。当然,两瓣抓斗也同样存在断齿问题。但它断齿的间隔时间长,断了只要再换一个就可照样使用,即使齿连根断了,也不会引起闭合不拢等问题,照样可以挖掘,仅影响功效。

2)石礁块度

如前所述,任何一种抓斗只能最适合于挖某一种土埂。对挖掘粗颗粒的清礁而言,也应该能找到某一种抓斗最适合于挖掘某一种块度,即所谓最佳块度。例如,为鸡扒子滑坡清礁而制造的 4m³ 的抓斗,为确定其最佳块度,我们自 1984 年冬天开始,至 1985 年春季止,逐日观测其挖掘的块度。观测的方法是,每天任意抽取 1~3 驳,当被抽选的驳满载后,观测者按石礁的长径,分成小于 30cm、30~50cm、50~100cm、100~150cm 及 150cm 以上 5 个档次,用目测估计各档次石礁所占的成分,按百分率,列表记录。然后,按工况基本相同分成五个统计组,进行分组统计和综合统计,并用加权平均法计算平均粒径,并绘制块度、级配曲线,如图 5-12 所示。

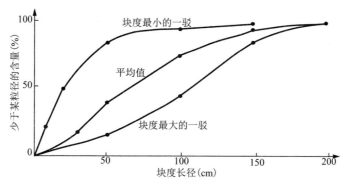

图 5-12　鸡扒子清礁块度、级配图

将表 5-6 中各石碴粒径含量与清礁工效同时点到坐标图上,发现块度 50~100cm 的含量多少与清礁高低有明显关系,如图 5-13 所示(其余块度与工效的关系,所点绘的点很散乱,故不另附图)。由此可见,石碴长径 50~100cm 的含量越多,其清礁工效就越高。这说明石碴长径 50~100cm 是 4m³ 抓斗清礁工效最高的块度,即最佳块度。结合川江以往用斗容为 1.2m³ 的抓斗清礁时,认为 20~30cm 最好挖。据此,是否可以认为,石碴的长径为抓斗斗容的 1/6 ～ 1/4 时,是清礁的最佳块度。我们认为在缺乏更多的资料时,暂时这样考虑也是可以的。当然,这里指的斗容单位为 m³,最佳块度的单位是 m。

石碴粒径含量与清礁工效关系表　　　　表 5-6

组别	驳数	粒径含量(%)					平均粒径 (cm)		平均工效 (m³/h)	附注
		石碴长径(cm)					加权平均	d_{50}		
		30 以下	30~50	50~100	100~150	150 以上				
（1）	7	26	23	26	16	9	68.4	51	44.7	
	6	23	30	34	10	3	58.7	48	63.1	
	7	15	21	31	21	12	81.0	68	55.8	
（2）	9	13	18	48	17	4	73.4	66	59.2	
	8	16	19	34	20	11	79.8	72	41.9	
	9	9	12	36	33	10	91.9	90	52.2	
（3）	7	25	32	23	15	5	61.9	45	47.4	
	8	15	29	36	14	6	68.9	55	49.1	

组别	驳数	粒径含量(%)					平均粒径(cm)		平均工效 (m³/h)	附注
		石碴长径(cm)					加权平均	d_{50}		
		30 以下	30~50	50~100	100~150	150 以上				
(4)	6	12	26	40	19	3	71.2	61	42.2	
	7	7	17	32	33	11	92.4	91	38.0	
(5)	5	16	26	34	19	5	70.8	60	43.0	
	9	11	16	43	30	1	77.8	64	56.4	
	6	13	33	41	13	1	62.2	54	53.6	
平均值		16	23	35	20	6	73.4	64	48.3	

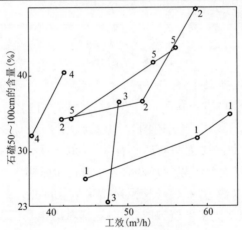

图 5-13　长径 50~100cm 石碴与清碴工效图

注:1~5 表示组号。

另外,从表 5-6 中,还可以看出如下几点:

鸡扒子滑坡的石碴块度,其分组平均粒径为 58.7~92.4cm,总平均值为 73.4cm。从级配曲线上求取的 d_{50} 为 45~91cm,总平均值为 64cm。

3)爆破方式与清碴工效的关系

如前所述,清碴工效与多种因素有关,例如抓斗的抓取特性参数,石碴某种块度的含量多少等有很大的影响。除此之外,据鸡扒子滑坡清碴经验,清碴工效尚与爆破方式有关。例如,在相同工况下,使用 4 m³ 抓斗清碴时,钻眼爆破的清碴为 79.4 m³/h,裸露爆破的清碴工效为 63.5 m³/h。前者比后者的工效约高 25%。使用 1.5 m³ 抓斗清碴时,钻眼爆破清碴工效为 31 m³/h,裸露爆破清碴工效为 19.3 m³/h,前者比后者的工效约高 60%。由此可见,用 4 m³ 抓斗或 1.5 m³ 抓斗清碴,钻眼爆破的工效都比裸露爆破的工效高,一般高 1/4~1/3。因此从清碴角度来看,钻眼爆破比裸露爆破效果好。

6.1 滑坡整治原则

6.1.1 治坡与治江相结合

鸡扒子滑坡下滑滑入长江的 230 万 m^3 土石,使长江形成急流险滩,上水客货轮均需助拖才能过滩,严重危及我国东西交通大动脉——长江的航运。据测算,在 13m 或 10m 水位时(注:是指云阳航行水位尺水位),可能出现断航,将对国民经济建设带来严重影响,给国家和人民造成严重的损失。因此,必须对河道进行疏通整治。但根据滑坡的稳定性计算,鸡扒子滑坡的稳定性差,会继续危及长江航道,可能使航道整治工程失效。在北岸(左岸)进行的治江工程,若开挖量过大,将触及江床完整基岩,影响滑块体的稳定性。所以,治江治坡必须综合考虑,相互结合,统一设计,同步实施。

6.1.2 以鸡扒子新滑坡为主,新老滑坡同时治理

宝塔老滑坡的 2/5 已复活(鸡扒子滑坡)在雨季不但有再次滑动的危险,其余未滑部分目前虽处于相对稳定状态,但该滑坡的地质结构已具备了失稳条件,其稳定性在暴雨中受到较大影响。老滑坡西侧与新滑坡相连地带,形成了高达几十米的陡坎,并有拉裂现象,处于极限稳定状态;老滑坡上部也有拉裂和局部滑动;滑体上深沟两侧局部失稳也时有发生。在暴雨的作用下,一旦局部滑塌堵塞沟谷,就有可能再度触发老滑体滑动,造成更大范围的"复活",就有"牵一发而动全身"的危险,导致整个老滑体全面复活,给治江成果和长江航运带来危害,将会再次给国家和人民的生命财产造成更为严重的损失。因此,在滑坡的治理中,新老滑坡必须同时进行治理。

鸡扒子滑坡破坏严重,稳定性差,对治江工程和通航威胁较大,需作为主要治理的对象。在充分考虑了加固、完善原有排水系统和改造自然小溪沟的同时,新增了老滑体东部后壁的两条拦山埝,使之达到更有效的拦排地表水的目的。

6.1.3 消除或减小水(雨)对滑坡体影响是滑坡治理主要任务

根据滑坡的稳定状态和形成机制,找出滑坡复活(失稳)的主要原因,在于宝塔老滑体的地质结构遭受自然和人为因素破坏后,已具有复活条件,其触发因素是1982年7月特大暴雨(月降雨量达633.3mm,最大日降雨量达201.5mm)。因此,制定如何消除(转化)其失稳的主要工程整治措施,并力求达到技术上可靠、经济上效益好,是治理此滑坡的重要问题和关键所在。

根据云阳县降雨资料,1982年7月暴雨不仅是县城(滑坡区)自1937以来有记载的最高降雨量纪录,也是1970年以来所罕见的特大暴雨。1982年7月降雨总量633.3mm,而7月16日4时—18日2时滑坡产生剧滑的46小时降雨量竟高达331.3mm,占多年平均降雨量的30.3%。在特大暴雨的作用下,17日凌晨4时,老滑坡后缘西侧的土体首先饱水失稳,下滑至檀树湾附近的石板沟中,继后又有部分土体和民房下滑至石板沟,月20万 m³的土石阻塞了石板沟,使石板沟上游0.3km²区域内近4万 m³的降雨洪水从檀树湾灌入老滑体内,导致滑体内地下水位升高,孔隙水压力增大,滑体饱水软化、减重,物理力学强度大大降低,造成了老滑坡的部分复活(即鸡扒子滑坡)。

从以上暴雨情况和滑坡滑动破坏过程可以看出,鸡扒子滑坡的复活虽有其老滑面(带)、泥岩等易滑的地质结构和其他外因的影响,但长期以来还是处于稳定状态的。1982年7月之所以复活,其主要原因是在"82·7"特大暴雨作用下,排水沟失效所导致的。经过专门技术性的多次论证,在滑坡的整治中,主要采取了以最大限度地消除或减小水对滑坡的作用,修建和完善各种拦排水工程为主,结合削、填、挡、抗滑及生物工程措施为辅的综合整治方案,主要使滑坡以外的地表水不进入滑坡范围内,滑坡范围内的降雨和地表水尽量少下渗并能尽快汇集排出滑坡体外,从而改善滑坡的稳定性,达到治坡的目的。

6.1.4 分期治理并重建重管

宝塔老滑坡及其复活部分为一特大型滑坡,地质条件较复杂,要完全调查整个滑坡的地质条件和稳定性,需要一定时间和逐步深入的勘查工作。因此,一个全面、合理的最终整治方案,也不是在滑坡滑动后就能马上制定出来的。而保证长江航运的通畅,滑坡不再继续下滑,是刻不容缓的。所以,在鸡扒子滑坡及宝塔老滑坡的治理中,采取了分期治理的原则。

各分期工程建成后,为使各工程在雨季充分发挥排水作用,建成后的工程管理和维修,在此滑坡的整治中就显得特别重要和必要。鸡扒子滑坡的复活由于产生了剧滑,滑坡地面破坏严重,洼、坎多见,地形起伏较大,局部失稳现象时有发生,给以修建各种拦排水设施为主的坡面整治方案和建成后的有效排水均带来较大困难。要使各排水设施在雨季不因局地的滑塌、拉裂而失效,除在设计时做到合理可靠,施工时保证质量外,还采取了边建边管,分期治理与加强管理相结合的方法。首先在设计时对岁修工程项目、人员资金给予一定的考虑。工程建成后,深入开展群众保护与专业队伍管理维修、村乡干部加强领导督促检查相结合的管理办法。在雨季,特别加强观测巡视,对有拉裂和滑塌阻塞的沟渠及时派人抢险、清除和维修,减少了地表水向滑体内集中渗灌,对各排水系统充分发挥效益,起到了较大的作用。

6.2　滑坡治理工程

6.2.1　应急工程

鸡扒子滑坡是在特大暴雨的触发作用下发生的,如何尽快缓解或消除暴雨洪水的不利作用,是应急工程的主要任务。

应急工程包括疏通石板沟,新建西拦山堎,疏通中心沟、新塘沟、石板沟等支沟。

(1)西拦山堎位于鸡扒子滑坡上端基岩上,由东向西布置,可将 $0.1805km^2$ 的坡面洪水引至汤溪河,从而减少注入滑体的水量。新建西拦山堎作为应急措施之一,按计划修建了 753m;首端延长的部分和尾部陡槽共 389m,待二期工程措施中去完成。

(2)石板沟是宝塔滑坡西侧的一条自然冲沟,由北向南纵向切割滑坡体,是滑坡区内的主要排水设施,其毁于滑坡体复活过程之中,溪沟几乎全被土石堵塞。采取疏挖和砌挡土墙,初步恢复其排水功能。

(3)鸡扒子滑坡下部石板沟以东的中心沟和新塘沟。滑体一般厚达 30~50m,

不能清到基岩,故中心沟和新塘沟只能设置滑坡体上,由北向南布置,尾水直接排泄到长江,边和底板均用块石干砌。

　　整个应急工程措施于 1983 年 2 月开工,同年 5 月完工,基本达到了预期效果。当 1983 年 7 月 25 日遭遇到 113.8mm 的年最大降雨量时（相当于 5 年一遇的暴雨）,应急工程措施的拦排水效果良好,对维持滑坡稳定起到了应有的作用。

6.2.2　二期治坡工程

　　为了在遇暴雨和航道整治开挖条件下,保持滑坡体的稳定;为了恢复滑体上居民的生产、生活和部分建筑物重建,须对滑坡体进行全面治理,在应急工程基础上,继续进行二期滑坡整治工程。

　　1)总体布置

　　二期滑坡整治工程共 12 项,包括拦山埝 3 条、排水沟 6 条,盲沟,削坡、拦石桩柱工程等,其平面布置如图 6-1 所示,拦山埝和排水沟的主要参数见表 6-1。

　　二期工程于 1984 年 2 月 28 日开工,同年 6 月底完工,8 月经专家验收合格交付使用。

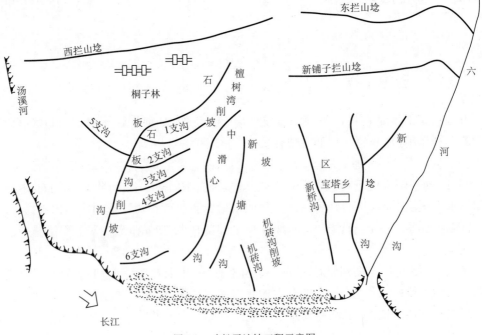

图 6-1　鸡扒子治坡工程示意图

拦排水工程主要参数表　　　　　　　　　　　表 6-1

位　　置	汇流面积 F（km²）	洪水流量（20 年一遇）Q（m³/s）	长度 L（m）	渠尾底宽（m）	渠尾埝高（m）
东拦山埝	0.0997	3.98	1065	1.20	0.9
西拦山埝	0.1805	6.49	1142	1.00	1.30
新铺子拦山埝	0.2361	6.75	1163	2.00	1.30
石板沟	0.3958	10.66	1235		
中心沟	0.1234	3.29	926	1.40	1.00
新塘沟	0.1247	3.39	621	1.40	1.00
机砖沟	0.035	1.54	156	0.80	0.90
新桥沟	0.4357	10.27	1040	3.00	1.20
新埝沟	0.2091	5.47	827	1.70	1.20

2）拦山埝

宝塔滑坡后壁上部岩体高差约 300m，面积达 0.2802km²，坡度在 30°~40°，多为裸露的顺层砂岩，植被稀少，泥土难以阻挡，每当降雨随即形成湍急的地面径流，顺坡面奔驰而下，如果任其冲刷，侵蚀滑坡体，其严重后果可想而知。因此，在设计上考虑了以汇集、排出滑体厚壁上部坡面径流，就此考虑修建滑坡后壁环形拦山埝，拦截新老滑坡后壁上部的地表水，以尽量减少渗漏水对滑体的诱发作用。

滑坡后壁沿等高线的横向长度有 1.5km 以上，在 450~500m 高程区间，采取分区布置的原则，在东部设置了东拦山埝，埝首高程 445m，埝尾高程 410m，全长 1065m，拦截的雨水排入大河沟；在西部设置了西拦山埝，作为应急措施已建753m，二期工程进一步延长了埝首，由高程 120m 延长至高程 396m 处，再新建了出口陡槽消能，陡槽进口高程 300m，出口高程 100m，西拦山埝全长 1142m，尾水引入汤溪河。

根据地形，东拦山埝位置较高，为避免宝塔老滑坡上部地面径流危及下部滑体，在高程 290m 由西向东增设了新铺子拦山埝，全长 1163m，汇流面积为0.2361km²，尾水引入大河沟。

拦山埝大都经过倾角较陡的顺层砂岩，坡角为 30°~45°，若按通常矩形或梯形断面进行设计，势必会较多地切割砂岩层面，从而破坏砂岩层面的纵向连续性和自然边坡，促成上部砂岩沿切割临空面下滑，对拦山埝的稳定构成不安全因素。为了尽量保持砂岩层面的完整性，设计中大胆创新，采用了利用基岩的自然倾斜面作为内边，加设底板和外边共同组成的空腹式非对称梯形渠埝。砌筑材料采用 75 号

— 133 —

水泥砂浆砌条石，100号水泥砂浆勾缝防渗。底板以下为空腹，渗透水可通过外边基础中的排水孔导出，从而消除渗透水对外边的侧向压力，使外边厚度减至最小，达到了经济、安全的目的。

3）地表排水系统

宝塔老滑坡原有纵向分布的小溪沟条，直接泄入长江。鸡扒子滑坡复活后，溪沟均被破坏堵塞。因此，滑坡体上的地表排水工程在规划上考虑了地形特点和原有溪沟的分布情况，重建了石板沟，再疏通中心沟、新塘沟、机砖沟，加固完善了宝塔老滑体上的新桥沟和新埝沟。为增加石板沟的汇流面积，还设置了5条横向支流，这就形成了以石板沟为主的网状地表排水系统。所有排水沟都采用75号浆砌条石，原中心沟和新塘沟的干砌块石衬砌也改建为浆砌条石。经过两年来的运行和观测，很少发现拉裂现象，防渗效果良好。

石板沟设计：

石板沟沿滑坡西侧边缘布置，全长1235m。上435m由东向西横向置于滑坡上部基岩上，起拦截地表水和排水双重作用。主沟由北向南布置，成一直线，边和底板除尾部238m外，其余均放置在基岩上，起纵向排水作用，同时在高程155m、135m、130m、100m、70m上分别设置5条横向支沟与之交叉相接，使石板沟形成了一条独立的纵、横向排水体系，汇流面积达0.3958km^2，承受了鸡扒子滑坡50%以上的地表水排泄任务，是二期治坡工程的骨干工程。

石板沟的设计洪水标准按20年一遇考虑，设计洪水流量为10.66m^3/s。渠道按矩形断面设计。断面尺寸随流量的增加而加大，至尾部时达到底宽4.1m，高2.2m。

因石板沟大部分在基岩上，两侧土层开挖深达15~20m，上部虽削坡为1:1.5~1:2的边坡坡度，但侧向土压力仍然很大，故边墙厚度按挡土墙的要求设计，考虑了土压力、水压力、渗透水压力及自重等力的作用，进行了抗滑、抗倾和基础应力验算，均满足设计要求。边墙材料为75号水泥砂浆砌条块，用100号水泥砂浆勾缝防渗，为排出边墙后面的渗透水，在距渠底1m处设有排水孔，间距3m，墙后孔口处设有反滤层，避免渗透水将泥土带走。

石板沟上平缓，下变陡，底坡坡度达12°~18°，高速水流的冲刷作用不容忽视。设计上采取将底板用200号钢筋混凝土衬护的加固措施，厚20cm，钢筋直径6mm，纵横向间距40cm，并用直径18mm的螺纹钢埋入基岩内40cm予以锚固，锚筋间距1m。

石板沟桥以下至尾部238m渠，因滑坡堆积层渐厚，没有必要挖至基岩，设计上将排水沟置于软基上,用1m厚的浆砌条石护底,为避免不均匀沉陷将渠道拉裂,每30m用沉陷法消除陡坎,使二者平缓衔接起来,促使边坡自然稳定。

设计上考虑较大的削坡共9处,工程量达6.8万 m³,根据边坡稳定计算,削坡后的边坡坡度值应小于1:2,若不再耕作而辅以植被,能使削坡效果稳定。

4)盲沟

鸡扒子上部檀树湾、方家包一带有多处泉水出露和湿润地带分布,经南江地质大队1983年2月—5月枯水期调查表明,泉水流量为0.008~0.05L/s,补给来源主要是东北方邻近处常年积水塘堘的侧向渗入,上层滞水,水质为重碳酸钙型,矿化度0.31~0.56g/L。这些泉水和湿地积水沿自然斜坡散流,向滑体中下部渗透。为了有效排除这些渗透水,决定在檀树湾设置盲沟,以汇集和排除地下水。

盲沟布置成"T"形。主沟长60m,内空宽2.2m,高2m;两翼长40m,内空宽0.8m,高1.5m;底板为50号水泥砂浆砌条石,顶板为干砌石;两侧及顶部设置反滤层,由山砂、碎石分层铺砌而成。盲沟出口设集水井,从溢流口排至石板沟的二支沟。

5)拦石桩柱挡墙

桐子林滑坡紧邻于鸡扒子滑坡后壁以上,为宝塔老滑坡的残余部分,前坡脚高程266m,后缘高程316m,高差50m,堆积物为黏砂土夹碎块石和砂、泥岩组成的破裂岩体,体积约180万 m³。

由于桐子林老滑坡的坡面呈弧形,似勺状,滑面倾角由陡变缓,至尾部成反翘状,因而增加了上卧滑体的抗滑力,使之处于相对稳定状态。但桐子林滑坡前缘却因与鸡扒子滑坡后缘脱离形成了陡峭的临空面,很不稳定,时有滑塌、拉裂现象。例如,1983年雨季,据设置在滑坡上的1号地面唯一观测点观测结果,这种张开的拉裂缝向南14°西移14.8cm。说明桐子林滑坡仍有缓慢的滑动迹象。为此,二期治坡工程对桐子林危体采取拦石桩柱挡墙的处理措施,防止发生局部滑坡后泥石堵塞石板沟。

桩柱挡墙的布置原则是:

(1)尽量顺等高线布置;

(2)滑体西侧前缘陡峭,高差大,布置成双排,间距20m,滑体东侧前缘单薄,临空面平缓,布置成单排。

桩柱挡墙主要承受滑落土石产生的冲击力和堆积后产生的主动土压力。根据这一受力特点和尽量利用当地材料的原则,设计上把钢筋混凝土桩柱深埋于基岩中,以固定端单悬臂受弯构件考虑,做成干砌条石挡墙,土石压力经挡墙传至桩柱再传至基岩。

干砌条石横断面为 40cm×40cm，长 1.3m，这是当地条石通常开采的尺寸。据此，钢筋混凝土桩柱中心距定为 1.3m。桩柱在基岩内埋深 80cm，在地面以上高度根据地形变化为 1.3~2.05m，横断面为 30cm×60cm，大尺寸顺主动土压力方向布置，建筑材料为 150 号钢筋混凝土，受拉侧布设 $\phi16$ 钢筋 3 根，受压测布设 $\phi12$ 钢筋 2 根。共建 150 号钢筋混凝土桩柱 226 个，挡墙总长 290m。

该项工程 1984 年 9 月动工，经 3 个月紧急施工，于同年 12 月底完成。

6）锚固

东拦山埝中段约有 100m 渠段位于自然倾角达 60°的陡峭砂岩坡上。砂岩成层状，厚薄不均，一般为 0.1~0.5m，这种顺层砂岩一旦沿走向方向被切割形成临空石，上石的岩体将岩层石下滑。1983 年 5 月 12 日降雨 37mm，砂岩顺层下滑 1000m³，毁渠 28m。为确保拦山埝的安全，不再发生类似情况，采取了钢筋混凝土锚固的治理方案。

锚固设计共 333 孔，孔深 1.3~1.5m，最深的达 1.7m。为打孔操作方便，垂直向布孔，孔距不等，为 0.8~1.0m。采用直径为 20~22mm 的螺纹钢筋埋入孔内，再灌入水泥砂浆，从而达到锚固表层砂岩的作用。

锚固工程实施后，效果良好，经观测未发生滑塌事故。

7）生物措施

鸡扒子滑坡段内，由于滑坡复活下滑，滑体上生态平衡受到严重破坏，好田好地变成荒山、秃岭、河谷、河滩，水土流失严重。据滑坡地质资料显示：该地域水土流失面积占辖区面积的 61%，年侵蚀模数平均达 5820t/（km²·a），平均森林植被覆盖率低于 12% 以下。为了减少水土流失，保护治坡成果，提高滑坡安全因素，保证航运畅通，滑坡所在地、县决定在滑坡区内进行绿化，主要是植树造林，以经济林为主，薪炭林、速生林次之。在治坡工程的各条沟、削坡上、公路两旁、荒山秃岭、河滩、自留地、包产地、屋前屋后等一切能种植的地方，都种上各种树苗。为了帮助滑坡区人民恢复生产，发展经济，在植树时，着重种植一批红橘、用材林、速生林等经济林木共 60 万株。

6.3　滑坡动态长期观测

在鸡扒子滑坡及与之相关的宝塔和桐子林老滑坡工程地质勘察的同时，开展了滑坡动态的长期观测工作。其目的在于掌握滑体内地下水位、水温、水质和滑坡底面位移随时间的变化规律,为滑坡稳定性评价,为论证滑体内是否需要设置排水廊道提供资料,并为治江、治坡工程设计提供有关的地质依据。

6.3.1　滑坡地下水动态长期观测

1)观测孔的设置

各个观测点均是在勘探钻孔的基础上建立的。为满足水位、水温观测和水样采集的需要,设置 1.2~1.5in 的滤水观测管,四周填砾(石);设置井口管并用水泥止水;孔口加盖保护。

观测孔的布置以鸡扒子滑坡为重点,同时兼顾宝塔老滑坡。

1983 年初勘时在鸡扒子滑坡上建立了 3 个观测孔,宝塔老滑坡设置了 15 个长期观测孔,随着钻孔的施工,陆续投入观测。

2)观测方法与观测要求

根据本区地下水位埋藏较深、富水性十分微弱的特点,确定不做分层观测,而只监测混合水位、水温和水质。其地下水观测方法与要求见表 6-2。

地下水观测方法及要求　　　　表 6-2

项目	观测方法	观测次数及要求
水位	仪表测水位仪	1. 枯、平水期每 20 天观测一次,丰水期每 10 天观测一次,若出现暴雨或特大暴雨每天观测一次; 2. 3 年之后,枯、平、丰水期观测次数减半
水深	温度计	1. 观测水位同时观测水温; 2. 3 年之后观测次数改为一月一次
采样	水器取水	1. 多孔均为一月一次简样分析,三月一次全分析; 2. 3 年之后,每季度取简样一次,枯、平、丰水期取全分析样一次
水质分析	比色法、容量法、仪器分析法	1. 参观测孔每月 1 个样,约 25~30 个; 2. 按简分析和全分析要求的分析项目和操作规程执行

建立各观测孔的技术档案资料,及时编制水位、水温和水质统计表,动态曲线图,不同季节的等水位线图等。

每个水文年应编制地下水动态观测年报,结合降雨、长江水位变化和地面位移等观测资料,对滑坡稳定性做出预测与预报。

3)地下水动态分析

根据长期观测资料综合分析表明,滑坡地下水流向不统一,地下水在滑体内分布不连续;地下水位变化幅度在鸡扒子滑坡体内较小,宝塔滑坡体内较大;地下水流量小;水质变化小。

选取 1984 年 8 月 10 日地下等水位线图（图 6-2），从图 6-2 中可以看出:地下水水流向总体是由北向南,局部有南西向、南西向和南东向。地下水的埋藏大多较深（图 6-3）。鸡扒子滑坡中地下水埋深是西浅东深,一般在 20~50m;宝塔滑坡中地下水埋深则是北浅南深,其埋深在 10~70m 之间。分布于滑体内的地下水（图 6-4）,主要集中于宝塔滑坡中,一般高于滑面 8~40m;鸡扒子滑坡中的地下水位高于滑面的仅占其滑坡面积的 2/5,高于滑面 0~8m,而地下水埋藏于滑床基岩中的占其面积的 3/5。由于滑坡体中层状破裂岩以砂岩为主,裂隙极为发育,空隙度大,滑坡体内的地下水赋存预测碎裂岩中。地下水力坡度受江水位和降雨补给的影响。滑坡下的 CK22、CK25、CK28、CK31、CK32、CK48、CK49 和 CK54 等 8 个观测孔的地下水位升降主要受江水位控制。7 月 28 日当江水位上涨达 115.7m 时,上述几个孔的地下水位同时上升到 93~125.95m。因此滑坡下的地下水位变化幅度极大,在 9.41~32.40m 之间,其中枯水季节地下水可低至滑面以下 30.87m,洪水季节可高出滑面 34.08m。其地下水涌水量亦较大,钻孔抽水检验的平均单位涌水量为 0.329L/（s·m）（表 6-3）。滑坡中地下水水力坡度基本不受长江水位变化的影响,主要受滑床基岩顶板的控制。一般滑床基岩顶板倾角 20°~25°,与水力坡度近于一致,所以滑坡中多钻孔的地下水位无论枯季还是雨季都在滑体中。地下水位受降雨影响小,因而变化幅度也较小（图 6-5）。其中鸡扒子滑坡地下水位枯水期高于滑面 0.5~6.4m,雨季高于滑面 1.31~7.76m,其变化幅度在 0.81~2.38m 之间;而宝塔滑坡体中地下水枯水期高于滑面 0.35~39.87m,雨季高于滑面 3.90~41.15m,变化幅度在 0.24~7.33m 之间（图 6-4）。另外,CK33、CK34、CK11、CK39、CK38、CK15 和 CK37 等 7 个钻孔,因受所处位置,基岩顶面的倾角、裂隙连通程度的影响,地下水位处于滑面以下或滑面附近,其变化幅度在 0.07~14.83m 之间。从 CK11、CK12 和 CK17 3 个钻孔 1983—1984 年的地下水动态曲线对比图看（图 6-6）,地下水位变化幅度都较小（小于 4m）。由于 1984 年降雨量小于 1983 年,加之新增排水沟及排降雨,减少了对滑体的渗入,因而 1984 年水位变幅小于 1983 年（表 6-4）。这不仅说明由于表层砂黏土对降雨有良好的防渗作用,而且说明在正常情况下地下水对滑坡的稳定性影响不大。

地下水温在 20°C 左右,地下水质以 HCO_3-Ca·Mg（HCO_3-Ca）型为主,部分钻孔为 HCO_3·Cl-Ca（HCO_3·Cl-Ca·Mg）型,只有个别钻孔属其他类型。同一观测点地下水水质随时间的变化较小（表 6-5）。

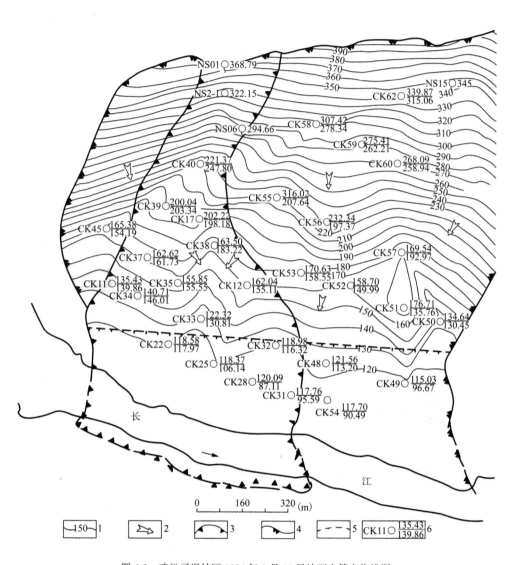

图6-2 鸡扒子滑坡区1984年8月10日地下水等水位线图

1-地下水位等值线；2-地下水流向；3-新滑坡边界；4-老滑坡边界；5-分段界线；6-钻孔：左为编号，右为地下水位高程，分母为滑面高程（m）

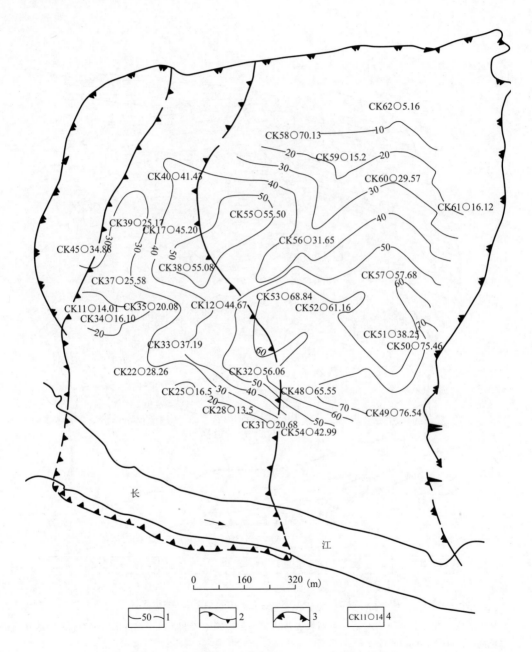

图 6-3　鸡扒子滑坡区 1984 年 8 月 10 日地下水埋深等值线图

1-地下水埋深等值线；2-新滑坡边界；3-老滑坡边界；4-钻孔：左为编号，右为地下水埋藏深度（m）

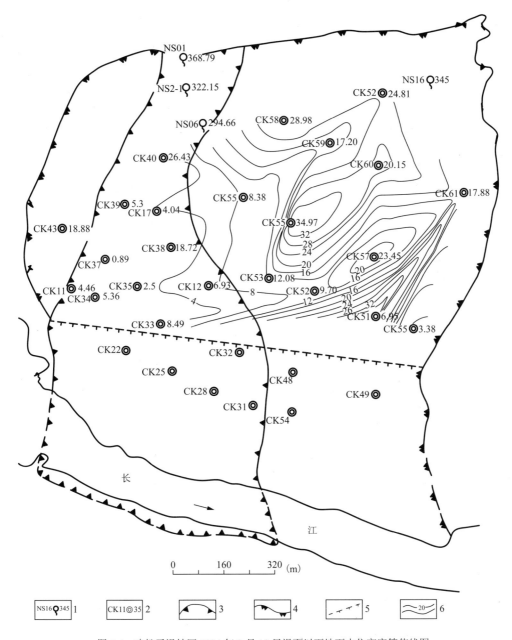

图 6-4　鸡扒子滑坡区 1984 年 8 月 10 日滑面以下地下水位高度等值线图

1-泉点:左为编号,右为泉点出露高程;2-钻孔:左为编号,右为以滑面为基点的地下水位相对高度;3-新滑坡边界;4-老滑坡边界;5-分段界线;6-地下水位高度等值线

水文地质数据表　　　　　　　　　　　表 6-3

钻孔编号	孔口高程（m）	孔深（m）	滑带深度（m）	静止水位（m）	抽水试验			
					试段深度（m）	降深（m）	涌水量（L/s）	单位涌水量[L/（s·m）]
CK22	146.94	90.31	28.96	38.32	38.32~41.22	2.90	1.61	0.555
CK24	117.99	79.43	21.98	28.72	28.72~33.31	4.59	0.226	0.049
CK25	134.88	88.84	28.94	47.02	47.02~47.42	0.40	0.19	0.004
CK26	86.31	27.20		2.06	2.06~4.54	2.48	2.46	0.992
CK28	133.72	90.05	35.55	37.16	37.16~40.20	3.04	0.42	0.138
CK29	93.41	94.40	76.99	9.48	9.48~17.39	7.91	4.459	0.564
CK31	138.45	80.36	41.86	41.81	41.81~50.14	8.43	0.188	0.022
CK32	177.04	80.85	60.72	58.70	58.70~82.70	4.00	0.08	0.020
CK39	225.21	51.34	21.98	30.83	30.83~84.70	3.87	0.02	0.005
CK12	206.11	62.32	49.64	45.23	45.23~63.37	1.07	0.235	0.220
CK17	248.42	61.35	47.92	48.84	48.84~57.80	8.06	0.00126	0.0001
CK46	125.93	85.33	58.50	37.49	37.49~35.14	2.35	1.235	0.526
CK47	117.56	80.25	71.79	32.66	32.66~32.07	0.59	0.269	0.456
CK49	102.28	192.57	93.70	77.99	77.99~77.59	0.40	0.119	0.298
CK50	210.30	100.05	78.85	75.40	75.40~73.85	1.55	0.13	0.084
CK58	317.55	60.95	39.21	11.63	11.63~7.64	3.99	0.39	0.098
CK62	345.03	50.39	29.97	22.08	22.08~19.48	2.60	0.00347	0.0030

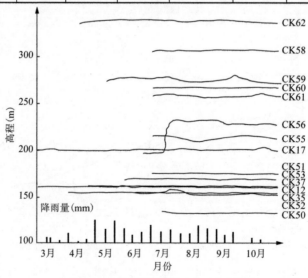

图 6-5　钻孔滑体内地下水位动态曲线图

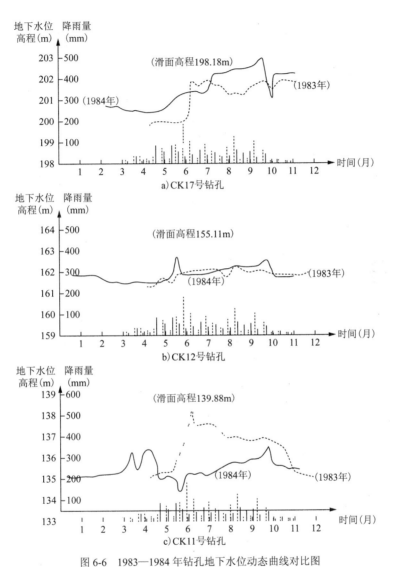

图 6-6　1983—1984 年钻孔地下水位动态曲线对比图

1983—1984 年地下水位变化对比表（单位：m）　　　表 6-4

钻孔编号	1983 年地下水位变幅	1984 年地下水位变幅	1983 年最高水位高程	1984 年最高水位高程	两年之间的最大水位差
CK11	3.71	2.11	138.50	136.47	2.03
CK12	1.23	1.36	162.41	162.865	0.46
CK17	3.21	2.38	202.03	202.80	0.77

钻孔水质动态简表 表 6-5

孔号	游离 CO_2	侵蚀性 CO_2	矿化度	总硬度	总碱度	暂时硬度	永久硬度	pH 值	水化学类型	水温	采样日期
	mg/L			德度						℃	年.月.日
CK11	52.80	无	1010.62	32.31	26.72	26.72	5.59	7.2	$HCO_3 \cdot Cl\text{-}Ca$		1984.3.10
	62.26	无	958.65	30.52	24.94	24.94	5.58	7.2	$HCO_3 \cdot Cl\text{-}Ca$	17.5	1984.4.10
	71.94	无	940.61	33.80	21.11	21.11	12.69	7.1	$HCO_3\text{-}Ca$	20	1984.6.10
	76.56	无	1052.54	33.51	26.99	26.99	6.52	7.2	$HCO_3\text{-}Ca$	20.5	1984.7.10
CK12	16.50	无	498.68	18.08	14.49	14.49	3.59	7.6	$HCO_3\text{-} Ca \cdot Mg$		1984.7.10
	20.02	无	484.40	17.37	14.15	14.15	3.22	7.5	$HCO_3\text{-} Ca \cdot Mg$	20	1984.3.10
	21.34	无	473.75	12.27	13.27	13.27	4.00	7.7	$HCO_3\text{-} Ca \cdot Mg$	20.5	1984.7.10
CK17	15.40	无	568.38	20.63	11.97	11.97	8.66	7.6	$HCO_3\text{-} Ca \cdot Mg$		1984.3.10
	23.10	无	583.09	20.35	11.99	11.99	8.36	7.7	$HCO_3\text{-}Ca$	20	1984.4.10
	18.26	无	534.38	19.19	11.10	11.10	8.09	7.5	$HCO_3\text{-}Ca$	19.5	1984.6.10
	20.40	无	540.38	19.46	11.32	11.32	8.14	7.5	$HCO_3\text{-}Ca$	19.5	1984.7.10
CK25	14.08	0.92	371.71	13.12	9.18	9.18	3.94	7.4	$HCO_3\text{-} Ca \cdot Mg$	21	1984.4.10
	17.16	6.41	375.96	13.17	8.26	8.26	4.91	7.5	$HCO_3\text{-} Ca \cdot Mg$	21.5	1984.6.10
	18.26	1.14	377.06	12.14	9.43	9.43	2.71	7.3	$HCO_3\text{-} Ca \cdot Mg$	20.5	1984.7.10
CK31	13.20	1.37	332.99	12.15	8.87	8.87	3.28	7.5	$HCO_3\text{-} Ca \cdot Mg$		1984.6.10
	12.98	5.92	278.03	8.97	7.49	7.49	1.48	7.5	$HCO_3\text{-} Ca \cdot Mg$	21	1984.7.10
CK32		无	246.60	5.02	4.06	4.06	0.96	8.4	$Cl\text{-} Mg$	21	1984.7.10
		17.64	215.54	5.44	4.35	4.35	1.09	8.5	$Cl\text{-} Mg$	21	1984.6.10
CK33	20.90	无	485.01	17.65	13.37	13.37	4.28	7.5	$HCO_3\text{-} Ca \cdot Mg$	22	1984.6.10
	39.38	无	407.93	14.24	11.96	11.96	2.28	7.5	$HCO_3\text{-} Ca \cdot Mg$	20.5	1984.7.10
CK34	8.05	无	822.17	32.13	12.99	12.99	19.14	7.7	$HCO_3 \cdot Cl \cdot SO_4\text{-} Ca \cdot Mg$	20	1984.6.10
	20.24	无	743.12	28.32	13.15	13.15	15.17	7.4	$HCO_3 \cdot Cl \text{-} Ca \cdot Mg$		1984.7.10
CK35	38.06	9.16	296.77	3.98	3.94	3.94	0.04	7.3	$Cl \cdot HCO_3\text{-}Na$	20	1984.6.10
	8.58	10.25	293.10	3.00	5.22	3.0		7.7	$HCO_3 \cdot Cl\text{-}Na$	20.5	1984.7.10
CK37	26.84	无	788.08	29.36	15.97	15.97	13.39	7.5	$HCO_3 \cdot Cl\text{-}Ca \cdot Mg$	20.5	1984.6.10
	22.88	无	702.23	25.26	12.54	12.54	12.72	7.7	$HCO_3 \cdot Cl\text{-}Ca \cdot Mg$	20	1984.7.10
CK38	17.60	15.35	331.60	11.69	6.80	6.80	4.89	7.3	$HCO_3 \cdot Cl\text{-}Ca$	20	1984.6.10
	16.94	无	395.34	12.37	11.00	11.00	1.37	7.5	$HCO_3\text{-}Ca$	20.5	1984.7.10
CK39	26.84	无	548.17	20.87	11.39	11.39	9.48	7.1	$HCO_3 \cdot Cl\text{-}Ca$	20	1984.6.10
	29.04	无	593.42	20.72	13.87	13.87	6.85	7.4	$HCO_3 \cdot Cl\text{-}Ca$	20	1984.7.10

孔号	游离 CO_2	侵蚀性 CO_2	矿化度	总硬度	总碱度	暂时硬度	永久硬度	pH 值	水化学类型	水温	采样日期
	mg/L			德度						℃	年.月.日
CK45	21.34	27.49	340.87	12.41	9.49	9.49	2.92	7.5	HCO_3- Ca·Mg	20	1984.6.10
	19.58	无	460.48	16.29	13.41	13.41	2.88	7.5	HCO_3- Ca·Mg	20.5	1984.7.10
	25.08	无	450.67	16.51	13.15	13.15	3.36	7.4	HCO_3- Ca	20.5	1984.8.10
CK48	16.06	无	415.71	8.86	8.86	8.86		7.5	HCO_3- Ca	22	1984.8.9
CK49	30.80	无	590.99	19.38	14.43	14.43	4.95	7.3	HCO_3- Ca·Mg		1984.8.10
CK50	25.74	无	528.65	15.71	16.42	15.71		7.3	HCO_3- Ca·Mg	21	1984.8.10
CK51	6.60	无	1156.45	2.15	16.89	2.15		8.3	HCO_3·SO_4·Cl-Na		1984.8.9
CK52	17.60	无	377.56	13.80	11.23	11.23	2.57	7.4	HCO_3- Ca·Mg	21	1984.7.10
	36.30	无	441.89	13.99	10.98	10.98	3.01	7.1	HCO_3- Ca·Mg	20	1984.8.9
CK53	15.40	无	380.08	12.90	10.80	10.80	2.10	7.6	HCO_3- Ca·Mg	21	1984.7.10
CK54	10.12	无	324.55	11.14	9.01	9.01	2.13	7.5	HCO_3- Ca·Mg	22	1984.8.9
CK55		无	372.63	1.88	9.09	3.50		8.7	Cl·HCO_3- Na	21	1984.8.9
CK58	6.6	无	538.70	4.33	3.68	3.68	0.65	7.4	Cl-Na	21	1984.8.9
CK59	10.34	无	407.90	6.28	8.67	6.28		7.5	HCO_3·Cl-Ca	20.5	1984.8.9
	50.60	无	652.39	16.05	16.70	16.05		7.1	HCO_3·Cl-Ca	19	1984.
	15.40	56.94	400.14		7.72	5.92		7.4	HCO_3·Cl-Ca	20	1984.7.10
CK61	48.40	无	625.33	17.06	19.20	17.06		7.1	HCO_3-Ca	21	1984.8.9
CK62	19.36	无	597.52	15.06	15.56	15.06		7.7	HCO_3-Ca	19	1984.6.10
	21.12	无	455.64	10.18	10.80	10.18		7.6	HCO_3·Cl-Ca	19	1984.7.10
	29.70	无	446.04	10.21	10.80	10.80	0.13	7.4	HCO_3·Cl-Na·Ca·Mg	21	1984.8.9

6.3.2　滑坡地面位移动态长期观测

1) 观测点的布置

1983 年 3 月在长江北岸和南岸，即鸡扒子滑坡的外围，地质基础稳定、通视良好的地方建立 4 等光电导线点 5 个，3 等水准点 6 个；1984 年，为对宝塔桐子林滑坡进行观测而增设 6 个三等水准点。这些点统称为基础控制点。

为对鸡扒子滑坡体的地面进行全面监测，于 1983 年 3 月在滑坡内建立了 11 个观测点，并在其外后壁和东侧壁外围各设置了 1 个点（1 号和 11 号）。这些点分别控制了滑坡的不同部位，且通视良好，适合交会法观测。1984 年，又在宝塔和桐子林老滑坡增设了 9 个点，组成了控制整个滑坡区的位移监测网（图 6-7）。

上述点位中，四等光电导线点、三等水位点采用石制双层或混凝土标石，长期观测点采用混凝土柱石。点位埋深 0.5~1.0m。

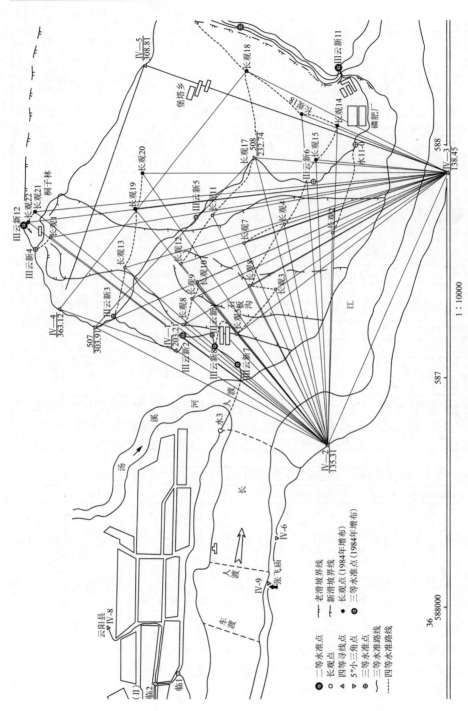

图 6-7　滑坡地面唯一长观点分布图

2)观测方法

（1）基础控制点测量。

四等光电导线测量：按国家精密导线测量规范要求，对 N-1、N-2、N-3、N-4 和 N-5 号点所组成的五边形闭合导线，于 1983 年 6 月、1983 年 12 月、1984 年 10 月进行了 3 次观测、计算。采用西法蔡司 010 仪进行角度观测，EOK 光电测距仪测定边长。

三等水准测量：按国家测量规范要求，对Ⅲ - 的新 1、2、3、4、5、6、7、8、9、10、11、12 号点所组成的附合水准路线和结点的附合水准路线，于 1983 年 6 月、1983 年 12 月、1984 年 4 月、1984 年 12 月进行了 4 次重复观测、计算，采用芩奈 31 型和威尔特 N3 水准仪施测。以上观测成果见表 6-6。

四等导线点平面及高程多次观测成果统计表 表 6-6

点名及观测时间		平 面 位 置				高程位置	
		X（m）	ΔX	Y（m）	ΔY	H（m）	ΔH
Ⅳ-1	1983 年 6 月	3426569.858		36587089.014		203.2006	
	1983 年 11 月	569.858		089.028			
	1984 年 3 月					203.2030	
	1984 年 9 月	569.863		089.018		203.2074	
Ⅳ-2	1983 年 6 月	3425903.950		36586694.414		135.3037	
	1983 年 11 月						
	1984 年 3 月					135.3082	
	1984 年 9 月					135.3118	
Ⅳ-3	1983 年 6 月	3425398.707		36587787.303		136.4454	
	1983 年 11 月	398.710		787.321			
	1984 年 3 月					136.4536	
	1984 年 9 月	398.716		787.295		136.4539	
Ⅳ-4	1983 年 6 月	3427082.079		36587253.188		363.1069	
	1983 年 11 月	082.099		253.212			
	1984 年 3 月					363.1022	
	1984 年 9 月	082.098		253.170		363.1199	
Ⅳ-5	1983 年 6 月	3426728.782		36588325.413		308.6154	
	1983 年 11 月	728.762		325.435			
	1984 年 3 月					308.6030	
	1984 年 9 月	728.753		325.407		308.6149	

（2）地面位移长期观测点测量。

地区位移长期观测点由平面位置和变程位置测量所组成。平面位置测量的四等光电导线点 N-2、N-3、N-4 为固定点和起始点，以交汇法的方式组成三角形，按三秒小三角测量的精度要求进行观测。观测周期：1983 年 3—5 月每 10 天测 1 次，6—9 月每 5 天测 1 次，10—12 月每 10 天测 1 次；1984 年 1—2 月每 30 天测 1 次，3—10 月每 10 天测 1 次，11—12 月每 30 天测 1 次。两年共进行了 19~56 次重复观测，计算其坐标。观测方向多于 7 个的均分组观测，并进行测站平差。使用仪器为德国蔡司 020 经纬仪。

高程位置测量在基础控制中的三等水准点上或点间组成水准支线，附合水准路线，按四等水准黏度要求观测。观测期间：1983 年 6 月中旬—10 月每 5 天观测 1 次，11—12 月每 10 天观测 1 次；1984 年 1—2 月每 30 天观测 1 次，3—10 月每 10 天观测 1 次，11—12 月每 30 天观测 1 次。两年共进行了 22~53 次重复观测，计算其高程。使用仪器为国产 33 型水准仪。

6.3.3　地面位移点成果分析

1）计算地面位移点变化的基本原理

各个位移点多次观测的三维坐标均在同一坐标原点（为方便作图）处，计算坐标差，再按坐标差和时间（坐标差为纵轴，时间为横轴，以日为单位）绘制离散点分布变化曲线。又以时间为变数，用最小二乘法原理，求出拟合曲线方程式：

$$x=a_{x0}+a_{x1}t+a_{x2}t^2+a_{x3}t$$
$$y=a_{y0}+a_{y1}t+a_{y2}t^2+a_{y3}t^3 \tag{6-1}$$
$$h=a_{h0}+a_{h1}t+a_{h2}t^2+a_{h3}t^3$$

绘制拟合曲线图，这种曲线图为离散点（位移点）随时间变化的曲线，它反映了统计变化规律。将三方程联立，即各位移点在空间变化轨迹的参数方程为：

$$x=a_{x0}+a_{x1}t+a_{x2}t^2+a_{x3}t^3$$
$$y=a_{y0}+a_{y1}t+a_{y2}t^2+a_{y3}t^3 \tag{6-2}$$
$$h=a_{h0}+a_{h1}t+a_{h2}t^2+a_{h3}t^3$$

解该方程组，即得到任意时刻位移点的空间位置。这就是分析位移点动态的数学模型。

2）位移点的动态分析

（1）鸡扒子滑坡地面位移观测点的动态分析见表 6-7，3、4、5、9、10、12 号观测点在不同的季节里平面位置和高程位置均有不同的变化，6、7、8、13 号观测点相对变化很小，视为稳定。其中较典型的观测点的动态分析如下：

4 号观测点，位移滑坡东部前缘，高程 175m，高出长江枯水位 90m 左右。由图 6-8 看出，从 1983 年 3 月—12 月底的 10 个月中其运动图为断点型（即在缓慢位移中有突变，致使其运动轨迹不连续）。1983 年 3 月—6 月是连续往 157°方向缓慢蠕动，7月初因下一场大雨，在2~3天内突然由东向西（254°方向）移动88mm，高程下降25mm，此后朝158°方向移动。在1983年中，平面位移105mm（雨季位移88mm），高程下降35mm（雨季下降30mm）。1984年1—12月期间，该点不是朝某一固定方向移动，而是绕动，高程下降也减小（年降15mm）。这种现象的出现主要是因为该点处于滑坡的东部，松散堆积物厚达60m以上，孔隙度大，由于土体调整和受季节影响的干湿变化，因而呈现出1983年位移量大于1984年，雨季高程下降大于旱季的规律。随着土体逐渐密实，位移和下沉减小，日趋稳定。

位移点的位移数据表 表6-7

观测点	1983—1984年平面动态								1983—1984年高程动态				
	两年移动方向（°）	两年位移总和（mm）	1983年3—12月		移动方向（°）	1984年1—12月		移动方向（°）	两年降升总和（mm）	1983年3-12月		1984年1-12月	
			年位移量（mm）	雨季位移量（6、7、8、9月）（mm）		年位移量（mm）	雨季位移量（6、7、8、9月）（mm）			年降升量（mm）	雨季降升量（mm）	年降升量（mm）	雨季降升量（mm）
1	220	61	115	73	195	55	25	340	−6	−4	−3	−2	−1
3	248	45	30	13	230	15	5	286	−18	−8	−6	−10	−3
4	216	108	105	88	157 254.5 158	5	3	284	−86	−35	−30	−10	−5
5	249	118	30	13	239	90	61	257	−27	−17	−11	−11	−4
6	207	40	10	5	207	0	0	0	−10	−2	−1	−8	−3
7	132	7	37	14	142	29	12	321					
8	292	8	8	3	110.5	15	8	292					
9	255	72	50	20	244	24	11	280.5	−31	−20	−14	−10	−3
10	242	59	53	23	242	6	0	0	−26	−16	−12	−9	−3
11	235	26	20	10	216	10	0	280.5	0				
12	232	83	75	31	229	10	0	248	−19	−9	−7	−11	−3
13	327	30	7	5	260	29	11	340	0				

5号观测点，在滑坡西部塑流区的中下段，高程148m。由图6-9知，1983年5月—1984年5月，以239°方向缓慢位移38mm。1984年5月初，因5号观测点在治坡施工中被毁，沿257°（即向石板沟）方向位移80mm（雨季位移61mm）。由于5号观测点位置发生变化，其位移方向和位移量的变化，实际上反映了2个观测点在不同观测年度内的动态，并不代表5号观测点自身的变化规律。无论新点和原点，其位移量均有逐月减小之势。且位移方向亦有所变化，表现出新滑坡土体调整的特征。

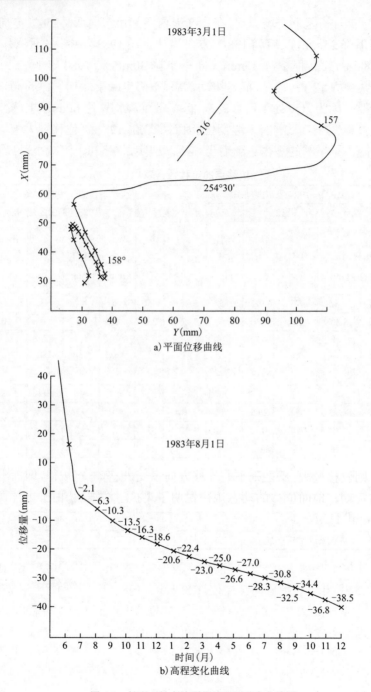

a) 平面位移曲线

b) 高程变化曲线

图 6-8　长观 4 号点地面位移观测动态曲线图

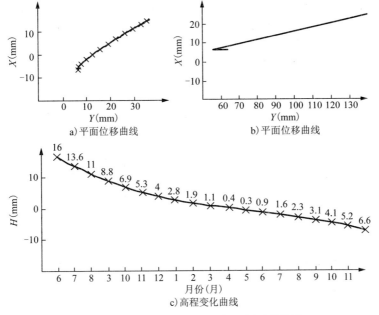

a) 平面位移曲线　　b) 平面位移曲线

c) 高程变化曲线

图 6-9　长观 5 号点地面位移观测动态曲线图

鸡扒子滑坡的表层土体除 5 号观测点由于上述原因 1984 年位移量比 1983 年稍大外,其他各点 1983 年的位移量和下沉量都大于 1984 年;雨季的位移量大于旱季。随着旱季的到来和土体逐渐密实,位移量减小;位移方向多发生改变,有些观测点还出现回升现象。由于各观测点所处滑坡的部位不同,滑体厚度、岩性结构、土质疏松程度以及地形坡度和坡向的不同,其位移量和位移方向也各不相同。土层厚、疏松,则位移量大;反之则小。位移方向多变,也有一定规律,即向观测点所处斜坡方向运动。地面位移的动态规律说明了鸡扒子滑坡后,由于土体调整而产生局部活动。随着时间的延长,土体逐渐密实,位移量减小并趋于稳定。

(2)老滑坡地面位移观测点的动态分析。

1984 年详勘时,对桐子林和宝塔老滑坡的地面进行了观测。除 1 号点和 11 号点从 1983 年 3 月开始观测外,其余 9 个点仅有 1984 年 4—12 月的观测资料。从表 6-8 中可以看出, 14、16、17、18、19、21 和 22 号点无论平面或高程位置都只有微小的变化,而 1、15、20 号点则有较明显的变化。其中 1 号点设在桐子林老滑坡的前缘,高程 393m。从图 6-10 中可以看出,该点 1983 年—1984 年的位移动态曲线很像一个"r"字。1983 年,向 195°方向移动 115mm(雨季移动为 73mm),高程年降 4mm(雨季降 3mm)。1984 年,却没有继续向南西方向移动,而是逐渐偏北方向回升，与 1983 年 9 月的位置重合。1984 年 7 月之后又以动量相等的轨迹沿 340° 方向缓慢移动，在这段时期内没有明显的下沉变化。

老滑坡位移点动态数据表　　　　　　　表 6-8

点	1984 年 4—12 月平面动态			1984 年 4—12 月高程动态	
	年位移量 (mm)	(6、7、8、9 月) 雨季位移量(mm)	移动方向 (°)	年沉降量 (mm)	(6、7、8、9 月) 雨季沉降量(mm)
14	37	22	334	0	0
15	65	38	178	−10	−9
16	20	10	208	0	0
17	40	24	357	−12	−6
18	39	22	197	−8	−4
19	25	15	210	0	0
20	77	50	294	−13	−10
21	21	7	289	0	0
22	13	0	165	−21	−9

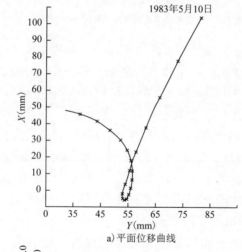

a) 平面位移曲线

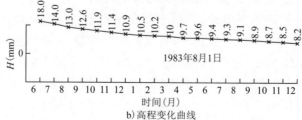

b) 高程变化曲线

图 6-10　长观 1 号点地面位移观测动态曲线图

产生这种现象的原因是：在鸡扒子滑坡时，牵动桐子林老滑坡体前缘滑塌，使之形成高 15m、坡角 45°的陡坎。由于失去重力平衡，应力重新调整，在其前缘形成若干条拉裂缝。裂缝向临空面扩张，尤其雨季变形量大，加之该处砂黏土厚 20 余米，黏土遇水软化，饱水后表层蠕滑，因而表现出土体的向前位移。在旱季，土体干枯收缩而引起点位回升。随着时间的延续，裂缝不再继续扩张，而主要表现在土体的蠕动。

15 号点（图 6-11），设在宝塔老滑坡二级平台（柚子坪）上，高程 182m。1984 年 4 月开始观测。该点平面位置朝 178°方向位移 65mm（雨季位移 38mm），高程下降 10mm（雨季下降 9mm）。其运动轨迹是由北向南的位移，分析其原因可能是该地东、南、西三面临空，与长江的高差达 100m，形成向长江倾斜的长条形岭脊，在其南东方向新桥沟西侧，在 1982 年 7 月曾发生山体土层滑坡，该地土层应力调整，向南临空面产生局部滑移。

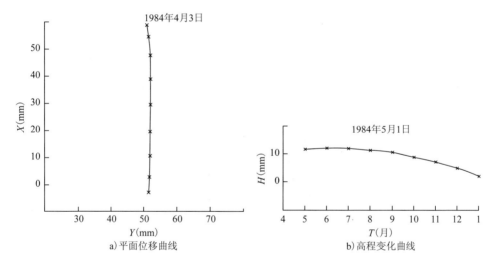

图 6-11 长观 15 号点地面位移观测动态曲线图

20 号点（图 6-12），设在宝塔老滑坡的四级平台丁家包以东，海拔 303m。观测时间和次数与 15 号点同。在 1984 年里平面位置向 294°方向位移 77mm（雨季位移 50mm）。

高程下降 13mm（雨季下降 10mm）。10 月以后运动方向由北西向南西方向转动，其运动规律需继续观测后，才能做出分析。

除上述 3 个点地面位移量较大外，其余各点位移量均较小（小于 40mm），且运动方向不定，呈曲线扭动型。从总体上看，宝塔和桐子林老滑坡只存在表层土体的局部变化,未发现滑坡体有整体移动现象。

必须指出的是,鸡扒子滑坡以及宝塔和桐子林老滑坡各观测点的观测桩埋设较浅（0.5~1.0m）,其观测资料不能代表滑坡深部的变化,加之观测时间较短,上述分析仅是初步的。

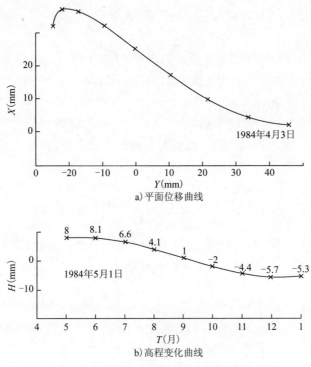

a) 平面位移曲线

b) 高程变化曲线

图 6-12　长观 20 号点地面位移观测动态曲线图

6.4　长期观测小结

经过两年的观测,取得了上述宝贵成果,说明滑坡治理和航道整治后,滑坡体变形逐渐收缩,趋向稳定,符合滑坡体稳定性分析计算主要结论。

1985 年 3 月进行工程竣工验收调查,结果表明,拦山埝、排水沟等排水建筑物和滑坡挡桩均维护良好,排水效果很好。居民恢复生产,安居乐业。

1987—1993 年,宝塔老滑坡后缘出现裂缝,并逐年发展,出现整体滑坡迹象。

1993 年 12 月,按照国务院陈俊生批示,刘书伦代表交通部组织长江航务局、长江航道局等单位,去现场调研,调查结果:1987 年 6 月,大暴雨后宝塔老滑坡新铺子拦山埝(高程约 400m)上段出现裂缝,裂缝长 500m。

1989 年 7 月又遇大暴雨,裂缝延伸达 1000m,1991 年 8 月暴雨后裂缝继续发展,延伸到大河沟。1993 年 7 月裂缝宽达 20~50cm,下沉 30~75cm,宝塔老滑坡有可能发生整体大滑坡,滑坡体体积估计 8000 万 m³,前缘滑体将滑入长江和大河沟。当地将此情况上报到四川省和国务院。1993 年 12 月,刘书伦到现场调研后,认为:虽然后缘裂缝逐年发展延伸,但仍是局部变形,大部分滑体没有滑动迹象,排水系统仍然有效。建议当地做好拦排水建筑物维护管理,坚持继续观测。

此后直到 2003 年,三峡开始蓄水到 135m,刘书伦乘船去现场了解情况,据当地监测部门告知,1993—2003 年历时 10 年未发生大规模滑坡:宝塔老滑坡基本稳定,鸡扒子滑坡一直处于稳定状态,当年未发生宝塔滑坡裂缝大发展险情。

2008—2010 年,三峡枢纽工程建成,蓄水到 175m,新老滑坡体中下段已全部淹埋,河宽达 500~600m,滑坡隐患基本消除。

结　　语

　　长江鸡扒子特大型滑坡治理工程，至今已有三十余年，其间，作者曾以专家组成员参加链子崖、黄腊石、新滩等特大型崩塌滑坡勘察、治理工作。近年又参加三峡库尾滑坡涌浪对航运影响的研究。通过上述工作，深刻认识到崩塌滑坡泥石流等地质灾害，其形成机制、内部的变化过程和滑坡发生时剧烈运动等均是十分复杂的，依靠现有勘察手段，得到的认识是肤浅的，希望大家对地质灾害，既要重视，又要理解其难点。建议如下：

　　（1）对河道或库区边坡稳定性分析评价要十分慎重，定性要严谨，定量要有充分依据。

　　（2）加强监测预报。采用先进可靠的设备，精细布置，遥测遥报，严密监测。

　　（3）增加一级临滑预警。作者通过详细、大量调查分析，发现各类地质灾害在临滑前都有明显的前兆，时间有 3~10 小时，把这一时间称为黄金 3 小时。现场监测预报人员，依据最新连续监测成果，在崩滑 3 小时前发布临滑警报，疏散人员，离开危险区域，通知航行船舶和港口作业人员紧急避险。

　　（4）对地质灾害治理要"以防为主"，切实做到两防，即"防水""防乱挖"。不要满足于暴雨来临前对可能发生地质灾害进行预报；天气转晴以后，认为平安无事。其实，有些地质灾害不是暴雨触发的，因此，要做好全天候监测工作。